U0927015

商业领袖的七副面孔

创业者、领导者、成功者的多副面孔

王 辉◎著

中国财富出版社

图书在版编目（CIP）数据

商业领袖的七副面孔 / 王辉著. —北京：中国财富出版社，2016.5

ISBN 978-7-5047-6047-0

Ⅰ. ①商… Ⅱ. ①王… Ⅲ. ①成功心理-通俗读物 Ⅳ. ①B848.4-49

中国版本图书馆 CIP 数据核字(2016)第 028711 号

策划编辑 刘 晗　　**责任编辑** 白 柠

责任印制 方朋远　　**责任校对** 杨小静　　**责任发行** 敬 东

出版发行 中国财富出版社

社　　址 北京市丰台区南四环西路 188 号 5 区 20 楼　**邮政编码** 100070

电　　话 010-52227568(发行部)　010-52227588 转 307(总编室)

010-68589540(读者服务部)　010-52227588 转 305(质检部)

网　　址 http://www.cfpress.com.cn

经　　销 新华书店

印　　刷 北京柯蓝博泰印务有限公司

书　　号 ISBN 978-7-5047-6047-0/B·0482

开　　本 710mm×1000mm　1/16　　**版　　次** 2016 年 5 月第 1 版

印　　张 11　　**印　　次** 2016 年 5 月第 1 次印刷

字　　数 180 千字　　**定　　价** 39.80 元

前　言

一个人的面孔通常会比他的舌头说出更多有趣的事，因为面孔是他所说一切的概要，是他思想和志向的缩写，舌头只能表达一个人的思想，而面孔却能表达他的本性。

——德国哲学家叔本华

（1）

美国时间2014年9月19日清晨6点钟，天空一片灰蒙蒙的景象，太阳还没有露头的纽约街头依旧灯火通明，往来行驶的汽车，拂晓时一身疲惫走出公司的加班者，以及那些早起赶往新的目的地的人，看上去都像平常一样的平静。然而，在这平静之中，却有一处极为喧闹的地方，这个地方就是纽约交易所的大门口，一大批来自遥远中国的记者们正在这里热切地说着话，每一个人的脸上都带着兴奋的笑容，好像在等待着一个大事件的诞生。

是的，他们正在等待着一场他们从未经历过的重大历史事件的诞生——

世界电子商务巨头、中国改革开放三十余年来孕育的最成功的民营企业，阿里巴巴将在几个小时后登陆纽交所！

6点30分的时候，一众“财富大佬”率先出现在了纽交所的门口，史玉柱、许家印、曹国伟、沈国军、古永锵等人开始在外面排队注册。7点钟的时候，主角马云终于闪亮登场了，他带着蔡崇信、曾鸣、陆兆禧、张勇等阿里巴巴高管出现在了人们的视野里。此时，橙、白两色的阿里巴巴条幅正悬挂在纽交所的上空，淘宝、阿里云、聚划算等阿里的“支柱产业”都写在条幅上。

上午9点30分，对于马云和阿里巴巴来说，对于无数的中国创业者来说，对于全球电子商务界来说，最辉煌耀眼的一刻终于到来了——八张世界从未见过的陌生面孔代表阿里巴巴敲响了上市的钟声，而马云和他的高管们则在台下以观众的身份向他们鼓掌祝贺，他们是阿里巴巴的八位客户代表，既有来自美国的农场主，也有为阿里巴巴付出了无数汗水的快递员……

面对着鲜花、掌声和闪烁不停的闪光灯，马云动情地说道：“我们奋斗了这么多年，不是为了我们自己站在那里，而是为了让他们站在台上。”毫无疑问，此时此刻的马云就是那位震惊世界的传奇中国商人，他的面孔不仅仅让全世界进一步认识了阿里巴巴和中国创业者们，也让全世界看到了中国人的商业智慧面孔。

(2)

世界大文豪列夫·托尔斯泰在他的代表作《安娜·卡列尼娜》的开篇中写道：“世界上幸福的人都一样，不幸的人各有各的不幸。”创业成功的企业家们都是幸福的人，因为他们一路披荆斩棘终于让梦想照进了现实。但是，他们却是各有各的面孔，这就是为什么成功始终无法复制的根本原因——李嘉诚从社会的最底层做起，一直做到全球华人首富，出身社会底层的你即便比李嘉诚努力一千倍，你也未必能够取得他千分之一的成功；早年只是一个普通中学英语老师的马云，最后成了世界电子商务界的传奇人物，即便有一千个人沿着马云的足迹走上一千次，他们也未必有一个人能够成为马云——时间、机遇、环境等各种因素的不同，注定了成功是无法复制的！

但是，成功者的面孔却是可以复制的，你可以复制他拼搏奋斗的一面，你可以复制他超强领导力的一面，你甚至可以复制他身上最大的优点。也就是说，只要你身上具有了成功者的最基本特质，那么等到风云际会的那一天，你也可以像他们一样飞黄腾达，遇见最成功的自己。

那么，创业成功者到底有多少副面孔呢？答案是，七副——

●时间面孔：成功的企业家是市场经济中的弄潮儿、生力军和时代的英雄。然而，你要扮演好这些角色，首先就必须成为一名时间的管理者，你不但要管理好自己的时间，还要管理好员工的时间——时间就是生命，时间就是效率，掌握了时间才能抓住机遇，让你站在时代的巅峰。

●人性面孔：任何一位成功的企业家，对人性都有着极为透彻的理解——当你对人性的理解达到一种境界之时，你就是一个深谙识人、育人、用人、留人之道的企业管理者。

●领袖面孔：将企业做大、做强、做精，关键中的关键就是有一位杰出的领袖。如果你是一个欠缺领袖魅力的人，那你一辈子都不能成为引领时代的超级企业家，甚至有可能一辈子都是一位只能带着三五个人干的小老板。

●圈子面孔：有句话说得好，圈子对了，事儿就成了。你在你的商业圈里是一副什么样的面孔，决定了你的企业能做多大、能走多远。因为，圈子承载着无数的人脉与机遇——好风凭借力，送你上青云。

●狼性面孔：互联网大咖、百度CEO李彦宏定义的狼性主要有三点：要有敏锐的嗅觉、要有团队精神、要不屈不挠。对于每一位企业家来说，你一旦失去了狼性精神，那么你注定将在残酷的商海中被淘汰出局。

●艺术面孔：成功的企业家就是商场上的艺术家，他们用自己的聪明才智在竞争激烈的商海中谱写出了一曲曲令人振奋的且优美动人的旋律。所以，你要想跨进成功企业家的行列，那你就必须不断去修炼自己的技艺，让自己早日从一名商人变成“商海艺术家”。

●创新面孔：这是一个讲求创新的“互联网+”时代，乔布斯、拉里·佩奇、马云等成功的商界大咖都有着杰出的创新能力——因为不同凡响的创新能力，他们最终成了传奇的世界商业领袖，而你，若是希望也成为他们这样的人，那你就必须拥有非凡的创新能力。

目 录

第一副

时间面孔 你无所虚度的光阴，是死去的人最奢望的财富

第二副

人性面孔 深谙人性之道，才能达到管理的至高境界

第三副

领袖面孔 浪花淘尽英雄，领袖屹立潮头

第四副

圈子面孔 关键不仅是你有多努力，而是你究竟认识谁

第五副

狼性面孔 若想立于不败之地，就要像狼一样行动

第六副

艺术面孔 拥有高超商业艺术，筑起强大的商业帝国

第七副

创新面孔 活着就是为了改变世界，难道还有其他原因吗

副面孔
商业领袖的七
SHANGYE LINGXIU
DE QIFU MIANKONG

第一副　时间面孔

你无所虚度的光阴，是死去的人最奢望的财富

当我们在凌晨时分依然奋斗在工作台上的时候，是不是应该想想，为什么别人都躺在舒适柔软的床上徜徉在梦境之中，而我们却在加班加点；当我们总是忙得手忙脚乱、焦头烂额的时候，看着身旁的其他人优哉游哉、从容不迫地去工作生活的时候，是不是应该反思一下，我们是不是掉进了“时间的黑洞”？我们总是比别人加班多，我们总是比别人更繁忙，结果别人的事业越干越大，我们却越来越力不从心——你拼尽全力去实现自己的商业领袖梦想，可到头来却是一个失败的创业者，究其根本原因，就是你浪费了太多宝贵的时间。也许你会说，你一直在努力，可是选错了方向、用错了方法的努力，更浪费时间。所以，你若想成为一名像马云、史蒂夫·乔布斯、马克·扎克伯格等人一样的传奇商业领袖，那你就必须学会管理时间，像他们一样去利用时间、开发时间，最终让梦想照进现实。

1. 是谁偷走了你的时间

“急死我了，明天就要给客户拿出合作方案了，可是直到今天还没有完成！”

“真后悔，原本以为很简单的事情，没想到做起来这么难，这么耗费时间，早知道就抓紧时间赶紧干活了！”

“天呐，明明觉得时间还很宽裕的，怎么一到这个时候却发现时间不够用了。真是奇怪了，时间哪里去了？”

……

时间总是不够用，关键时刻总是没有时间！这对于很多梦想很大、实干能力却很差的创业者来说，是一件经常令他们感到头疼的事情。事实上，他们之所以总是会遇见“时间不够用”的“麻烦事儿”，最关键的原因就是他们不会利用时间，或者说根本不知道谁偷走了他们的时间。

那么，谁才是偷走我们时间的贼呢？意想不到吧，答案竟然就是我们自己。

我们只有在工作截止日临近的时候，才想到自己应该努力去工作了，之前的工作计划，之前的一切准备，都在一点一点的推托中悄然流逝了；我们只有在客户催促的时候，才明白自己又偷懒了，时间就在自己的懒惰中悄悄流逝了；我们只有在失败来临之际，才明白自己既败给了时间，也败给了自己。

著名经济学家张维迎教授说：“对企业家来说，时间不仅是宝贵的资源，而且是一种机会，他的命运可能就决定于那早与晚的一瞬间。在竞争的市场上，时间就意味着金钱，赢得时间就意味着成功；相反，错过时间就意味着失败，甚至破产。”

现如今，在这个“大众创业，万众创新”的年代里，你要想成为一名出色的创业者，一个合格的、能让员工看到梦想的未来商业领袖，那么你就必须做一个出色的时间管理者——你的时间是如此珍贵，你的每一分钟、每一秒钟都可能价值连城，所以你必须做自己时间的主人，管住你的时间，让你拥有比别人更多的时间。就像英国博物学家、教育家托马斯·亨利·赫胥黎所说的那样："时间最不偏私，给任何人都是二十四小时；时间也是偏私的，给任何人都不是二十四小时。"你如果是一个出色的时间管理者，那么你就会让时间向你偏私，赢得更多的时间，你的每一天可能是二十五、二十六个小时，甚至是三十个小时……

【智慧点评】

是谁偷走了我们的时间？很多人总是把责任推给别人。"我本来打算今天就把这件事情做完的，可是有个客户非要我陪他出去吃顿饭，结果就给耽误了"；"你根本就不知道我最近有多忙，有那么多的杂事要做，结果把正事给耽误了，真是挺气人的"；"我明明觉得自己完全有能力把这件事情做好，可是谁能想到我把时间给计划错了，结果成了这个样子"……有些时候，不找借口，不去推托，可能会让自己得到升华，当你在丢失时间后不再找各种各样的理由之时，你可能就成了一个真正能够主宰自己时间的人！

2. 什么事都想做好，什么事都做不好

为什么你总是在感慨：明明每一件事情都可以做得很好，可是为什么每一件事情都没有做好；明明可以有很多的精力去做好每一件事情，可是到头来却是精疲力竭，效果反而不遂人愿；明明感觉时间很充足，最终却手忙脚乱，什么事情都没有做完……

这到底是为什么呢？是因为自己太笨，还是因为自己能力不够，再或者是自己管理时间的能力太弱？其实，答案就是，你没有将时间和精力集中到

最主要的方向上，做事情没有主次，导致什么事情都去做了，结果什么事情都没有做好，最后的结果就是时间和精力白白流失，“收获”了一个又一个的失败。

1985 年，苹果公司的联合创始人史蒂夫·乔布斯在公司领导权的争夺战中一败涂地，被迫离开了他一手创办的公司。然而，这次离开只是暂时的。1997 年，乔布斯重新回到了苹果公司，可此时的苹果公司正濒临破产的边缘。重新执掌公司的乔布斯在了解了公司的现状后，马上做出了改变：将苹果公司正在进行中的项目由原来的 40 个减到了 4 个。

在乔布斯看来，苹果公司执行了太多的项目，这些项目大大分散了苹果公司的“精力”和“时间”，导致公司拿不出能够在市场上攻城略地的拳头产品，因此使得公司一步一步走向了“死亡”。所以，在将项目减为 4 个之后，他集中公司的研发能力和市场开拓能力，在生产出了一款款具有划时代意义的电子产品的同时，也进一步开拓了市场。在市场上接连取得了辉煌的成功之后，乔布斯不但被业内同行视为“卓越的管理者”，就连当年将乔布斯排挤出苹果公司的老对手斯卡利也忍不住发出了这样的赞叹：“苹果公司能够起死回生，绝对不是一场骗局，而是乔布斯干得实在太出色了。他让苹果公司又重新回到了原来的轨道上。”

毫无疑问，乔布斯不仅仅是一位卓越的创新者，更是一位卓越的时间管理者。因为他深刻地懂得：作为一名企业家，要想将事情做好，让企业一直焕发出令竞争对手恐惧而又艳羡的竞争力，那就必须做到专注，不要将时间和精力分散到太多的事情上面。所以，他说：“决定放弃做什么与决定去做什么是同样重要的。对公司来说是这样，同样也适用于产品。专注的力量总是伟大的。”

对于很多人来说，他们的大脑总像一个不断制造各种新鲜想法的制造器，通常是一有好想法，便马上放弃之前的想法去实现新的想法，或者是两者都想实现。打个恰当的比喻就是，他们在学习英语的过程中，发现法语也挺有意思的，于是便又拿出大量的时间和精力去学习法语，后来又发现葡萄牙语很有趣味，于是再分出时间和精力去学习葡萄牙语。结果呢？贪多嚼不烂，导致很多的事情都没有做好，最后一事无成。

所以，无论是初次创业的人，还是已经事业有所成的老板，都应该懂得专注，管理好自己的时间，不要想着干太多的项目，赚太多的钱，很多时候贪多求全的结果就是什么也得不到，甚至让自己成为人生的输家。

【智慧点评】

假如你是一个天才，同时有创立阿里巴巴、苹果、谷歌三家伟大公司的机遇与想法，你会不会选择三个项目同时进行呢？答案是：如果你只是做了其中的一个公司，那么你现在就是在世界商业史上留下了辉煌一页的传奇创业者。但如果你是三家都同时做的创业者呢？结果可能是你现在依旧行走在寻找成功的道路上，而不是成为马云、乔布斯、拉里·佩奇那样的传奇商业明星。

3. 做出色的时间管理者，必须会有效委派工作

要想做一名出色的现代企业的时间管理者，那么你就必须学会有效的委派工作。事实上，对于很多初涉公司管理的人来说，学会有效的委派工作并不是一件简单容易的事情——很多初次创业的人之所以会失败，一个很关键的原因就是：他们无法将工作有效地委派给别人去做！

许许多多的拙劣管理者之所以掌握不了有效委派工作的技能，最主要的原因就是将工作分配给了不合适的人去做。张玉成是一家衬衣制造厂新上任的企业管理者，他接替的职务是他父亲的。在他上任的第一天，父亲就告诉他必须将合适的工作交给合适的人去完成。可是呢？张玉成将父亲的这句话当作了耳旁风，上任之后他首先将自己的几个“死党”招聘进了衬衣制造厂，让这几个人组成一个新的销售团队。在张玉成看来，他这几个“死党”都是从小玩到大的铁哥们儿，彼此都信得过，而且办事情都挺有能力的，只要他们和自己“兄弟齐心”，那么肯定能把工厂的规模做得更大。可最终结

果却是，这几个“死党”不但没有销售经验，而且还私下里联合起来从他这里获取“油水”，不到半年的时间就将工厂搞得一点生机都没有了，库房里堆满了积压的产品。所以，我们要想做一个出色的管理者，就一定不能像张玉成那样，而是应该将合适的工作交给合适的人去做。

要将合适的工作交给合适的人去做，关键是选对合适的人。怎么样去选择合适的人呢？首先，要了解这个人在做这件工作之时有没有丰富的经验，他的能力是不是能胜任这件工作。其次，要了解他现在的工作状态，如果他有能力胜任，但是最近的工作状态不好，那你最好还是另选他人吧。最后，要考虑这个人是不是有足够的责任心，如果他的责任心不够，那么你千万不能选他，无论他的资历多么丰富，也无论别人对他的评价多么高，没有责任心的他很有可能将这件工作给搞砸了。

在将合适的工作交给合适的人之后，并不意味着你就是一个会委派工作的高手。这个时候，你还应该制订相应的监督考核计划，要知道，世界上的每一个人都是有惰性的，不管他之前表现得多么的优秀，那只能证明过去，并不能证明未来。所以，你一定要制订完善的监督考核计划，如此才会将工作干好，不浪费时间，不浪费人力物力，最终收获自己想要的一切。

【智慧点评】

要做一个出色的时间管理者，掌握出色的工作委派方法。那么你自己就必须努力地去研究相关的管理技巧，不要整日里总是在空想，或者由着自己的性子来。如果你不是一个这样的管理者，那么你将永远不会成为一个出色的时间管理者，也永远不会掌握高超的委派工作的方法，只能注定做一个失败者。当然，你掌握了高超的委派工作的方法之后，还应该学会去激励员工，不但要让合适的人去做合适的工作，还要创造出更为不错的效果来。

4. 看得见的创业达人，看不见的时间达人

2011 年，对于欧阳翔野来说，绝对是非常不容易的一年，因为这一年他不但做到了公司高级经理的职位，还成了朋友圈里鼎鼎有名的“创业达人”。不过，在欧阳翔野看来，他最为重视的头衔却是“时间达人”。

当年 4 月初，欧阳翔野在提前 8 个月完成了公司制订的年度营销任务之后，一下子由一个营销团队的小主管升职为公司的 6 个高级营销经理之一。然而，令很多人意想不到的是，欧阳翔野竟然在 6 月选择了辞职，因为在他看来，创业才是一件更好玩更能实现自己人生理想的事情。

辞职之后，欧阳翔野马上加盟了一家木制工艺品公司，在家乡成都开了一家分店。在分店开业的第一天，欧阳翔野的母亲在噼噼啪啪的爆竹声中还在埋怨儿子：“你丢掉了那么好的工作，开这么个不到五十平方米的小店，一年能赚几个钱？真是脑子进水了！”对于母亲的埋怨，欧阳翔野笑了笑并没有回应，而是在心里暗暗下定决心：“一定要努力打拼，争取在春节时让母亲看到自己创业的成果！”

加盟店开张之后，欧阳翔野并没有像其他的创业者那样，想方设法聚拢客流量。在他看来，一个初次创业的人，最先要做的就是管理好时间，向时间要利润！所以，他每个礼拜都抽出一天的时间去总部选产品，甚至让总部订制一小部分在他看来有不错前景的产品。另外，他还一再告诫自己，一定要做一个好的“甩手掌柜”，千万不能将自己弄成一名“超级店员”，否则思路根本打不开，精力上也顾不来。

因此，欧阳翔野在注意挑选产品的同时，还非常注意调动三名店员的积极性，经常鼓励店员们要有更大的目标，将来成为他一个个分店的店长。可以说，欧阳翔野的策略是非常成功的，由于他的时间管理理念，再加上自己独特的营销策略，他开店两个月后生意就非常不错，很多的顾客经常是坐一

个多小时的公交车来他的店里挑选东西。等到了 11 月底的时候，欧阳翔野又在成都开了第二家加盟店，由于他的销售额非常大，总部给他的产品价格比其他的加盟商要低一折左右。所以，等到春节的时候，欧阳翔野已经成了两家加盟店的老板，一个月的销售额接近一百万元，而母亲也不再埋怨他了。

现如今，很多的人都希望自己在创业初期就能成为一个出色的管理者，其实对于他们来说，还是应该从一个出色的时间管理者开始——时间对于创业者来说绝对是最重要的一个因素，因为它决定了你的资金能支撑多久，你的勇气与激情能够绽放多久，你的创业伙伴对你的信心能够保持多久……所以，对于那些初次创业的人来说，千万不要好高骛远，总是想着自己掌握多少的管理技巧、销售技巧，拓展多少人脉，而是应该抓住时间去做最需要做的事情，及时让一切都稳定下来，才能够赢得进一步发展的机会。

【智慧点评】

我们争做时间达人，好好把握自己的时间，才能够在创业的道路上越走越远。对于很多梦想成为商业领袖的创业者来说，要做好一名时间管理达人，那就必须严格要求自己，千万不能在工作中找各种各样的借口，最后放松对自己的要求，让自己宝贵的“创业时间”在不知不觉中溜走，未来别说成为像马化腾、比尔·盖茨、马克·扎克伯格那样的传奇商业领袖，就是成为一个出色的小老板也很难实现。

5. 零碎的时间，积累起来也是一笔财富

时间是如此珍贵，可是我们却总是让它像沙漏流出的细沙一样，既没有色彩，也没有记忆，悄无声息地溜走——如果，你要想成为一名未来的商业领袖，那你就必须在你的心里放上一盏沙漏，时刻注意着时间，千万别让时

间白白流逝掉，尤其是那些我们经常“遗忘”的零碎时间。

纵观世界上的那些商业领袖，很多人都非常重视零碎时间的积累。提起华为，大家首先想到的就是这是一家进入世界500强的中国民营企业和它的创始人任正非。其次，大家又会讲出华为很多的成功之道。但是，又有多少人知道华为的“床垫文化”呢？在华为公司里，几乎每一名员工都有一个床垫，是加班的时候用来睡觉的。而在任正非的办公室里，也有一张简易的小床，是任正非加班后用来休息的。可以说，正是在这种“床垫文化”的熏陶影响下，华为的员工们都非常注意对时间的利用，也许在别的企业的员工看来，上班的时候浪费一点零碎时间无关紧要，但是在华为却没人这么认为，因为华为的每一个员工都清楚时间意味着什么。而对于时间的高效利用，也是华为能够成为一家拥有出色竞争力的优秀企业的关键因素之一。

对于时间的重要性，很多名人都做出过评价。杰克·韦尔奇曾说：“我的产业这样美、这样广、这样宽，时间是我的财产，我的田地是时间。”富兰克林的名言是：“时间就是生命，时间就是速度，时间就是力量。”事实上，很多的创业者或是企业管理者，都对时间的重要性有着不够清晰的认识。他们经常是嘴上喊着不能浪费时间，在实际行动中却一而再再而三地浪费掉了很多时间，尤其是零散时间。

那么，对于每一个梦想成为商业领袖的人来说，该怎么做才不会让自己的零碎时间白白流逝呢？

(1) 不要浪费开会间隙的时间。

在很多人看来，开会间隙就是用来休息的，让紧张的大脑暂时放松一下。可是，那些成功的商业领袖们却不是这么认为的，在他们看来开会间隙的时间正是他们好好冷静一下，调整一下接下来的开会思路的时间，他们要继续保持状态，而不是一个劲儿地放松，因为开会间隙的时间里你太过放松，在会议重新开始之后你又得花时间寻找状态，而其他开会的人也要等你恢复状态。这样一来，你不但浪费了自己的时间，也浪费了别人的时间。

(2) 制订一份合理的零碎时间利用计划。

为自己制订一份合理的零碎时间利用计划，这是你尽可能减少零碎时间浪费的主要手段。不过，在制订零碎时间的利用计划之时，一定要切记“合理”二字，不能太过勉强，毕竟有些零碎时间用来休息也是一种非常不错的选择。

(3) 路途中浪费的零散时间是最多的。

当我们匆匆忙忙赶路的时候，心里想的几乎都是怎么样才能快点到达。可是，如果不是自己驾驶交通工具的话，那再怎么着急也没有用。最合理的做法是，选择最快捷的交通路线，然后打开文件或者电子邮箱，一边赶路一边处理工作，这样一来，我们浪费在路上的零散时间就能被大大减少。

(4) 一定要注意手表上的秒针。

网络上有个段子说：“运动场上，以十分之一或百分之一秒的时间差，决定谁是纪录的创造者。在航海中，使用 6 分仪的海员，1 秒钟的差错，将使他的观测相差 1/4 英里。人造卫星每秒钟飞行 11.2 千米，电子计算机每秒钟可以运行百万次、千万次、上亿次、几十亿次。高能物理实验，要求高能探测器在千分之一毫秒内精确地记录下高能带电粒子的径迹。总之，对现代科学来说，‘争分夺秒’已经不够了。”其实，对于我们大多数人来说，“秒”一直是一个不被重视的时间刻度，正是因为对于“秒”的不重视，我们连“分”也不怎么重视。可是，时间往往不是一小时一小时浪费掉的，而是一分一秒地悄悄溜走的。所以，我们要想利用好零散时间，就得改变观念，重视一秒钟、一分钟，而不是眼睛只盯着手表上最粗最短的那根指针！

【智慧点评】

中国商业领袖冯仑说：“时间这个东西特别有趣，它既是生产资料，也是消费资料；它既是资本品（投资品），也是消费品。比如说我们到欧洲去，看到欧洲人很悠闲，一瓶啤酒就能坐在那儿泡一下午，对这些人来说，时间就是消费品。人家已经活到那份儿上，生活质量高到了可以消费时间了。同样，在海滩上晒太阳，那也是消费时间。但对我们来说，每天加班加点，那时间就是资本品，相当于一种资本，我们是要靠这个时间去换取金钱的。在这个过程中消耗时间就是生产。”很多人之所以对零散时间不重视，根本原因就是他们没有意识到时间也是一种资本，只要你浪费了一分一秒的时间，那就证明你的资本又少了一些。所以，我们必须重视一分一秒的零散时间，千万不要让自己的时间资本白白流失，要懂得集腋成裘的道理。

6. 千万别把时间浪费在错误的人身上

不论是在创业还是在职场打拼的时候，一定要时刻谨记：千万别把时间浪费在错误的人身上。试想一下，当你总是把时间浪费在错误的人身上时，你的事业会有多大的进步？最终的结局只能是，你既得不到那个人的感恩，还会因此让自己失去很多的机会，白白浪费时间的同时，失败也会悄然来袭。所以，要想成为一名享誉世界的商业领袖，你最应该做的事情就是，把时间花在合适的人身上。

在《新约·马太福音》中，坐在橄榄树上的耶稣，给他的门徒讲述了一个这样的故事：

有一个贵族，他要到远方去。临行之前，他把自己最信任的三个仆人召集起来，按照每一个人的才干，给了他们一笔钱，让他们拿去处理。几个月后，这个贵族回到了自己的庄园里。这个贵族回来后做的第一件事情就是将仆人们叫过来问话，问他们是怎么处理自己给的那些钱的。

第一个仆人进门后回答道："亲爱的主人，您临走时给了我 5000 枚银币，现在我已经用它赚了 6000 枚银币了。"这个贵族听了之后非常的高兴，用赞赏的口吻对他说道："很不错，我最信得过的善良人，你既然如此的忠诚，而且又有这样出色的赚钱才能，以后我要将很多的生意交给你来打理了。"

第一个仆人走后第二个仆人就进来了，他一进来就说道："亲爱的主人，您临走时给了我 2000 枚银币，现在我已经用它赚了 2000 枚银币了。"这个贵族听了之后，也是非常的高兴，继续用赞赏的口吻说道："不错，我最信得过的善良人，你既然如此的忠诚，而且又有这样出色的赚钱才能，以后我会将几笔生意交给你去打理的。"

第二个仆人走后第三个仆人就进来了，他一进来就说道："亲爱的主人，您临走时给了我 1000 枚银币，我非常感谢您对我的信任。为了表示我的忠诚，您走后我根本就没敢动这些银币，而是将它们全部埋在了马厩下面。现在您回来了，我将这些银币分文不少地送还给您。"这个贵族听了之后，脸色马上黯淡了下来，用非常不高兴的口吻说道："好的，你是忠诚的仆人，我决定将另外一所宅院的看守与清扫工作交给你。当然，出于你的忠诚，你的薪酬会增加一点的。不过，我要警告你的是，希望你不要太过懒惰，这次你浪费了我的钱！更浪费了我的时间。"

很明显，这个故事中的第三个仆人就是那个"不合适的人"。而我们在打拼的过程中，肯定会遇到很多像第三个仆人一样的人，他们有着极高的忠诚度，可是办事情却死板不知变通。对于这样的人，我们最应该做的就是给他们明确性的行动指令，不要将太多需要执行人有很强能动性的事情交给他们。这样一来，我们既能够在他们的身上花较少的时间，还能够收获更多不错的成效。

那么，我们该怎么做，才不会把时间浪费在错误的人身上？

（1）必须了解他人。

如果你对一个人都不了解，你怎么敢随便就将重任托付于他呢？比如说，你是一个厨子，却找来一个从未做过饭的司机给你打下手，那等待你的结果只能是被他搞得一团糟。所以，你若想将重任托付给他人，不浪费自己的时间，那么你首先就得了解他人。

（2）再年轻，也经不起挥霍。

很多刚刚开始打拼的年轻人，总觉得年轻就是资本，哪怕是在错误的人身上浪费一些时间也没有什么大不了的，毕竟自己还年轻嘛。如果你真是这么想的，那么你的这个想法只能用大错特错来形容了。时间一旦流走，便不可逆转。所以，你不能再那么随意了，要趁着年轻早点干出些名堂来。因此，你必须学会不把时间浪费在错误的人身上。

【智慧点评】

在向一名伟大的商业领袖奋斗的历程中，你必须找到对的人，如此才不会增加时间成本，尽可能地减少错误，而不是随意地将工作交给一个你不熟悉的人，最终酿成大错。当然，将工作重任交给了一个对的人，也要时刻监督考核，毕竟对的人也有可能在未来的某一天变成错的人。

7. 你应该是一口“井”，而不是一个“漏斗”

你总是感叹在创业的道路上时间一直不够用，无论自己怎么努力，总是有很多的事情没有时间去做；你总是感叹在商场上拼搏的过程中，时间总是最珍贵的，某一段时间没有做好，就失去了很多机会；你总是感叹在职场上奋斗的历程中，时间总是最稀缺的，很多的事情没有做好，很多人际关系没有处理好，最终导致自己迟迟不能升职加薪……

在你奋斗的历程中，总是会发现时间弥足珍贵。其实，归根结底就是因为你不是一口“井”，或者说你在管理时间方面一直是一个“漏斗”——“井”和“漏斗”相比较，一个能够源源不断地产生水，一个只能让水变得越来越少。所以，在合理管理时间的过程中，自己必须做一口“井”，而不是一个“漏斗”。

在传统的时间管理理念中，你只要在限定的时间内完成自己的工作，就算没有浪费时间。可是，在现代的时间管理理念中，你若是在限定的时间内完成自己的工作，只能算是合格。倘若你比别人花费更少的时间，争取缩小更短的时间周期去完成工作，那你就是一个出色的时间管理者，你就是一口“井”，而不是“漏斗”。

那么，你该怎么做，才能够让自己在时间管理方面成为一口“井”，而不是一个“漏斗”呢？答案很简单，那就是改变观念，养成发现“捷径”的好习惯。

提起爱迪生，世人最先想起的就是“发明大王”这四个字。可实际上，爱迪生还是一位善于管理时间的“时间达人”。爱迪生出生在一个不富裕的家庭，他一生中只读过三个月的小学，他的学识几乎都是靠母亲的教导和自学得来的。不过，也正是在这种坎坷的生长环境下，爱迪生养成了不轻易浪费时间的好习惯。因此，他在长大之后，总是对身边的人说：“人生中最大的浪费就是浪费时间了，你浪费时间的时候不但要搭出去金钱和精力，还有生命。所以，我们一定要想尽办法去积累时间，而不是随心所欲地去浪费时间。”

一天，爱迪生和助手正在实验室里紧张地进行着实验。由于不知道空玻璃灯泡的容量是多大，爱迪生便马上喊助手过来测量。然后，他又忙着做其他的事情去了。

可是，爱迪生已经干完了好几件事情了，还是迟迟等不到助手给他的答案。于是，便抬起头来看，结果发现助手正拿着软尺在测量灯泡的周长、斜度，并拿了测得的数字伏在桌上计算。

“时间，时间，你怎么可以这么浪费时间呢？”爱迪生一边说一边走了过来。

“我一直在努力计算啊，没怎么浪费时间啊！”助手一脸委屈地说道。

走到助手身边的爱迪生并没有马上回答，而是直接从助手的手里拿过了空灯泡，然后给里面注满了水。

“现在，你只需要将灯泡里面的水倒进量杯去就知道答案了。”爱迪生说完将灯泡交给了助手。

按照正常思维，要计算灯泡的容量，那就必须像爱迪生的助手那样去测量计算。可是很明显，这样的做法实在是太过死板了，不但浪费时间，还浪费精力。所以，在管理时间的过程中，必须注意思维观念上的浪费——也许这样做是没有问题的，但是只要你仔细找，就可能找到更好的方式方法，从而节省出更多的时间来。

当然，改变思维与观念，并不是一件一蹴而就的事情，而是应该秉持“不断开拓，切忌一心求变”的思路，不能没有“捷径”硬找“捷径”，结果是“捷径”没有找到，反而浪费了更多的时间。

【智慧点评】

你应该是一口“井”，而不是一个“漏斗”。这句话说起来容易做起来难，很多人一开始还有这样的想法，可是随着时间的推移慢慢就放弃了，因为毕竟做一个“漏斗”要比做一口“井”舒服得多，前者只需要别人为自己注满水，后者还需要自己不断地涌出更新鲜的水。所以，你若想在时间管理方面成为一口“井”而不是一个“漏斗”，那你就必须得下定决心，千万不能半途而废。

8. 一定要做你最想做的事情吗

失败是成功之母，这是一句传遍全世界的名言。其实，兴趣也是成功之母。试想一下，如果你做一件事情，一点兴趣都没有，那么你怎么能够把它干好呢？一份事业，你从一开始就没有兴趣，又怎么会干成呢？但是，我们却不能过分地强调兴趣——在时间管理方面，很多的商业领袖级企业家都在干自己应该干的事情，而不仅仅是干自己感兴趣的事情，因为成功的道路上有很多事情是你不感兴趣但却必须去做好的事情，你只有把自己不感兴趣的事情干得像自己感兴趣的事情一样好的时候，你才有可能站在成功的巅峰，实现自己的人生梦想。

查理·贝尔，全球餐饮业巨头麦当劳的前 CEO（不幸因结肠癌去世），他就是从最基层一步一个脚印地走上来的成功典型。在贝尔的一生中，最辉煌的成就不是他管理过麦当劳在全球 118 个国家的三万余个餐厅的运营，而是他总是能够去做自己不想去做的事情。

贝尔出生在一个贫寒的家庭，15 岁那年就被迫去社会上谋求生计。不过，一开始他并不想做一个餐厅服务生，可是他却只能去央求一家麦当劳店的店长给他一份工作，因为他找不到其他适合他的工作，毕竟他的年纪太小，身上也没有多少力气。可是，令贝尔意想不到的是，他竟然被拒绝了，因为店长看他瘦骨嶙峋，又一副贫寒样，根本不想收留他。无奈之下，贝尔又找到店长，希望他能够再给自己一份工作，“我不要工钱，我只要吃饱饭就可以了，我看到您这里厕所的卫生状况似乎不太好，这也许会影响您的生意。不然就安排我打扫厕所吧！”

看到贝尔都这样说了，店长只好答应了他的请求，毕竟厕所太脏也不好……也许，对于很多人来说，扫厕所是一件非常卑微的事情，是很没有面子的。当然，这个世界上真正有兴趣扫厕所的人应该也不会太多吧。可是呢，贝尔却愿意去干，虽然扫厕所是一件卑微的工作，但却是他奋斗的起点。

后来，在他成功以后，他还经常用自己的亲身经历鼓励员工，他说：“我从15岁起就在澳大利亚的餐厅兼职打工，19岁就成为澳大利亚最年轻的餐厅经理。我能做到，你们也能做到，明天的总裁就在今天的这些明星员工中间。”升任高层后，贝尔也经常巡视店面，每次他都要抽时间到厨房看看，和员工们讨论一下炸薯条的技巧。

一名哈佛大学生物专业毕业的学生去微软公司应聘，微软的面试官问他：“你根本不是学计算机专业的，你应该去与你的专业有关的公司应聘。你来我们这里只是浪费我的时间。”结果，这名大学生并没有生气，而是很真诚地告诉他：“当年我读大学的时候选择了一个自己觉得很喜欢但实际上却一点儿都不喜欢的专业，后来我发现自己对计算机最感兴趣，于是我就学习了一些计算机相关的课程。现在我毕业了，我希望得到一份自己喜欢的工作。”

面试官又问道：“那你为什么不在一开始就选择退学呢？重新找一个自己喜欢的专业去读呢？”那名大学生回答道：“不是我不愿意去重新做出选择，而是我的家庭出了一连串的变故，而我考上这个专业的时候获得了全额的奖学金，我需要这笔钱，所以我必须读下去。”

“哦，是吗？那么请将你的成绩单给我看看。”

“好的，您还需要看看我考的那些计算机类考试成绩单吗？”

“嗯，不需要，哇，不错啊，全部是优秀，你的生物学专业课程全部是优秀！好了，我们的面试结束了，微软公司欢迎你成为新的一员！”

“为什么呢？”那名大学生一脸吃惊地问道。

“因为你不喜欢的专业也读得如此认真，证明你是一个可以把自己不喜欢的事情同样干到最好的人。而在实际工作中，总有很多事情是你不喜欢的，所以我们需要你这样的员工。另外，我相信你非常感兴趣的计算机水平也不会太差！”

在实际奋斗的过程中，总有很多人抱怨是那些自己不感兴趣但却不得不做的事情浪费了自己很多的时间。可是他们没有想过，那些自己不感兴趣却不得不做的事情，是成功之路上必须要完成的事情。如果不完成这些事情，那么肯定还会在这些事情上浪费更多的时间。所以，我们在奋斗的过程中，就必须向那些商业领袖学习，不管是感兴趣的事情，还是不感兴趣的事情，都尽力尽快地去做好，绝不拖延，绝不浪费时间。

【智慧点评】

能做自己喜欢的工作是一种天大的幸福，但并不是每个人都可以拥有这种幸福。虽说工作本身没有高低贵贱之分，但是肯定有喜欢与不喜欢之分。问题是许多人一生也没有多少时间是在做自己愿意做的事情，这正是很多人痛苦与失败的根源。然而，这世界不是为你准备的，成功也不是为你设计的，你必须去适应你的工作，不断地去节省时间。这其中，就包括做很多你不愿意做的事情，而且还要把它做好——不仅要做好自己不喜欢做的事情，还要多去做许多连别人都不愿意做的事情，这样幸运女神才会更青睐你，将成功的花环戴在你的头上。

9. 列出“死期”之前每个阶段要做的事

很多人在工作的时候，都有“不见棺材不落泪”的工作范儿，即不到工作时间的最后期限，绝不会提前把工作做完。这些人的结局通常都很“惨”，不是连续奋战几个通宵，就是心一横舍弃掉一个月的奖金再拖个一两天的时间完成，更“惨”的是活儿干完的当天就是其接到辞退报告的那一天。

现在，我们该看到时间的重要性了吧，在工作没有完成之前，绝不可以随便浪费每一分钟，而且更是要在“死期”到来之前就做好准备，切切不能在“死期”临近之时才开始行动。

那么，有什么好办法能够让我们在“死期”到来之前就摆脱困境呢？答案是：列出一张“死亡清单”，即将自己在“死期”到来之前要做的每一件事情列出一张清单来，并且做好时间规划，及时地做完每一个阶段要做的事情。成功人士大多数都有一张时间清单，详细地记录了每天、每月，甚至每年要去做的事情。

“你们知道每天洛杉矶凌晨四点的样子吗？”当一位体育记者采访NBA著名球星科比·布莱恩特的时候，他这样回答道。

听了科比的话，那位记者的眼睛里露出了懵懂的光泽，因为他的问题是：“布莱恩特，你为什么一直这么强大？要知道，与你同时代的很多球星都已经黯然失色，或者回家去钓鱼了。”

看着记者一脸懵懂的样子，科比笑呵呵地接着说道：“一个运动员的运动生命是短暂而珍贵的，我在联盟里打了这么久，一直都严格地要求自己，几乎每天都按照团队给我制订的时间表去做，凌晨四点我就会在球馆里开始练球，饮食、作息更是严格按照计划清单上所要求的去做。我相信，只要大多数球员都能认真地按照教练、训练师、营养师的要求去做，每个时间段都去做该做的事情，那就一定会保持好自己的身体状态，并且变得更强大。当然，还要有颗不服输的心。”

每个时间段都去做该做的事情，那就是要按照时间清单上的要求去严格执行。下面，就为大家介绍一下时间清单在制订的时候应该注意哪些问题：

(1) 首先你必须明白你在最近的一段时间里要完成哪些任务。比如说，你下一个月想收获什么样的结果，然后根据想要的结果列出时间清单。

(2) 有了大体的时间轮廓之后，接下来要做的就是对时间进行划分。比如一个月有四周，第一周要达成什么目标，然后一周有七天，这七天又是怎么划分的。

(3) 时间清单的内容一定要具体，不要设置大概时间，因为设置大概时间就会为自己的惰性留下钻空子的缝隙。

（4）要注意及时调整时间清单。毕竟在你最开始列出时间清单的时候，都是基于当时的一个预期，而现实是每天都会发生变化，所以你一定要根据现实的变化及时调整时间清单，而不是死板地去执行。

（5）时间规划是因人而异的。每一个人的情况都不一样，所以制订时间清单的时候一定要根据自身的实际情况出发，切不可太过于参考别人的意见——听一点别人的建议是没有错的，但是不能完全按照别人的建议来，因为只有你对自己最了解。

需要注意的是，你千万别以为列个清单就万事大吉了。想想，你每天列的清单有多少是按计划完成的？如果你发现自己接连几天都没有按照时间清单的计划完成相关事项，那么你就该马上做出改变了，要及时去执行，不要一点一点地放逐自己。

【智慧点评】

办事情井井有条，不慌不忙，这是富人身上经常展现出来的一面。而穷人呢？平时看上去总是懒散与忙忙碌碌矛盾交织，遇到需要及时处理的事情之时，就像无头苍蝇一样到处乱扑。实际上，富人与穷人的分别就是对于时间的规划，只要你规划好了时间，并按照规划去坚定地执行，那么你的人生就会井井有条，不慌不忙，微笑着、从容地度过每一天。从现在起，你就该为自己列出一张时间清单了！

商业领袖的七副面孔
SHANGYE LINGXIU
DE QIFU MIANKONG

第二副　人性面孔

深谙人性之道，才能达到管理的至高境界

做好管理为什么这么难？

为什么员工们都这么不听话？

也许此时此刻的你正在为这些问题而苦恼，总是想不明白自己狠下力气去提升自己的管理水平，可是效果总是微乎其微。其实，不是你的管理知识储备不够，也不是你不够努力，而是你没有懂得“人性”两个字。纵观世界上那些伟大的商业领袖，他们都有一个最为突出的特点，那就是都深谙人性之道，他们的背包里都有一副最具魅力的武器——“人性面孔”。正是因为他们深谙人性之道，才能够在管理过程中深刻了解自己的团队成员，明白自己怎么做团队成员才会更忠诚、更愿意付出一切、更想跟着你决胜商场！

1. 伟大的企业家都是合格的人生导师

一个好的导师往往对你的工作和公司有很好的认识，但不必是这方面的专家。导师不一定是你的直属上司，因为这样会有利益冲突。导师的职位最好高于你，但不要相差太多，比你高出两级的领导是比较理想的选择。如果导师的级别不够高，他们就有可能看得不够远，容易只见树木不见森林。相反，导师的级别如果太高，那么他们也不太容易站在你的立场来看问题。

上面的这段话是李开复说的。对于那些正在创业或者已经创业有所成就的人来说，李开复是一个无法绕过的人，因为无数的创业者都将他视为自己的“人生导师”——李开复似乎有一种天生的魔力，他能够在每一个领域内都做得很出色。在他的人生历程中，先后服务过苹果、SGI、微软、谷歌等世界顶级公司，并且成为这些公司里地位显赫、业绩优秀的“顶级成员”之一。换句话说，放眼全球的华人圈，没有哪个华人职业经理人能够像他一样成为一名拥有无与伦比的影响力的“打工者”。

而在成功的道路上，李开复一直在用自己的实际行动告诉大家：在拥有努力、聪明、过人的资历等基础上，一旦你还掌握了人性的秘密，那么你一定会取得世界所瞩目的辉煌成就。早在很多年前，李开复就开始告诉大家，千万不要将他只看作是一位有着耀眼光环的职业经理人，他还是年轻人的“人生导师”。

为了让大家认可他这位“人生导师”，他总共做了不下三百场的大学演讲，在网上了写了很多的公开信，回答了无数青年网友的提问，出版了很多种帮助年轻人的书籍……最终的结果是，他赢得了广大中国青年人的相信，成了大家眼里的“开复老师”或“开复导师”。

现在，他已经完全摆脱了职业经理人的束缚，成了一名举止儒雅、脸上总挂着招牌式微笑的创业者——他带领着一大帮年轻人在“创新工场”里奋战，开始迈向人生更高的巅峰。

纵观李开复的成功历程，一个最大的原因就是他能够懂得人性的奥秘，让大家始终相信他，相信跟着他的成功不会错，相信他的未来会更辉煌，相信跟着他能够在竞争激烈的商海中打拼出属于自己的一块版图。所以，李开复背包里所隐藏的那副最具魅力的武器就是“人性面孔”——深谙人性之道的他，清楚地知道自己能够给予别人什么，也清楚地知道别人能够给他带来什么，最终依靠“人性的力量”让本就站在时代潮头的他迈向了更高的地方。

【智慧点评】

人性，是商业的永恒命题。人类追求幸福，有什么方式呢？最简单的方式就是：你要自己幸福，你首先要让别人幸福。同样的道理，你要想不白白浪费自己的青春，你要想让自己从创业初期的黑暗峡谷中快速走出来，那么你就必须懂得人性，你该怎么做，别人才会满意，别人满意了，你的商业模式才会逐渐被推广下去，你的产品才会打动人心。所以，你若要想早日实现辉煌的创业梦想，那么你就必须拥有“人性的面孔”。

2. 做一名敢于为士兵吮疽的将军

起之为将，与士卒最下者同衣食。卧不设席，行不骑乘，亲裹赢粮，与士卒分劳苦。卒有病疽者，起为吮之。卒母闻而哭之。人曰：“子，卒也，而将军自吮其疽，何哭为？”母曰：“非然也。往年吴公吮其父，其父战不旋踵，遂死于敌。吴公今又吮其子，妾不知其死所矣。是以哭之。”

——司马迁《史记·孙子吴起列传》

吴起是战国初期著名的政治改革家，卓越的军事家。后世把他和孙子连称为“孙吴”，吴起著有《吴子》，《吴子》与《孙子》又常常被人合称为《孙吴兵法》。用现在人的眼光来看，作为一名优秀军事将领的吴起，其实也是一个深谙人性之道的出色管理者。吴起作为一名将军，能够和最下等的士兵穿同样的衣服，吃同样的饭。睡觉不铺垫褥，行军不骑马乘车，亲自背负多余的粮食，和士兵们分担劳苦。有一个士兵生了毒疮，吴起替他吮吸脓液。这个士兵的母亲听说后就哭了。于是有人问道：“你儿子只是一名小卒，而吴起却是大将军，大将军亲自为一名小卒吮吸毒疮，你不感到荣光，为什么还要哭泣呢?”那个士兵的母亲却回答道：“不是这样啊。往年吴将军替他父亲吮吸毒疮，他父亲在战场上勇往直前，于是死在了敌人手里。如今吴将军又给我儿子吮吸毒疮，我不知道他又会死在什么地方了。就是因为这个才哭泣的。”

从那个士兵的母亲的角度来看，吴起这样的做法就是“笼络人心”，然后让自己的儿子在战场上为他拼命。可是，我们从现代企业的管理角度去看呢？吴起的这种做法无疑是一种不错的人性管理的方式，他能够和最基层的企业成员同甘共苦，并且甘愿为了他们的利益而屈身降贵，最终赢得大家的信任，甘愿在工作中拼尽全力。

然而，在现实中我们总是能够发现很多这样的管理者：他们表面上将员工们视为自己的朋友，甚至讲话的时候一口一个“兄弟姐妹”，但是实际上却完全相反，尤其是一些普通员工，在他们眼里连旧时代的雇工都算不上。换句话说，这样的企业管理者别说进行人性管理了，根本就是非常不合格的管理者。

阿瑟·维力是美国思凯电子电视公司的总裁，他身上最突出的优点就是拥有一副“人性面孔”，能够像吴起一样进行人性管理。为了能够尽快地研制出闭路电视来，他聘用了一位非常有才华的年轻人。那个年轻人叫作比尔，不但才华横溢，而且工作之时非常的拼命。

比尔来到思凯电子电视公司后，马上便扎进了实验室，在研发进入攻关阶段之时，他一连四十多个小时都在工作台上度过。看到比尔拼命工作的样子，阿瑟·维力却并没有像别的企业管理者一样高兴，而是十分的生气。他将比尔叫到他的办公室，用批评但却亲切的口吻说道：“年轻人，你的工作态度我十分的欣赏，但却令我非常的不开心，甚至是有些生气。我觉得我应该暂停你的工作了！”

“为什么？难道是我工作不够努力？”比尔一脸不解地看着他的上司。

“我刚才说过，我很欣赏你的工作态度。但是我却不怎么喜欢你的工作方式，像你这样不顾身体健康的去工作，不等新的产品问世，人的身体就先累垮了。所以，我宁愿不做这种生意，也不能赔上你的身体健康。我知道你在全心全意地工作，可是你的心意我领了，就算研制失败也没有关系，我不会怪你的。”阿瑟·维力看着眼前这个一脸疲惫的年轻人认真地说道。

“好的，总裁，我会改变的，你真是个好人。”比尔一脸感激地说道。

这段简短的对话不但让比尔改变了他的工作方式，也让他和阿瑟·维力成了至交。半年以后，比尔和他的团队研发出了闭路电视。

人生相遇贵相知，谁说世界无伯乐。作为一名企业管理者，我们在懂得程序化的管理技巧之外，还应该懂得善用“人性的力量”——不管你的下属多么的拼命和坚强，你都必须去心疼他们。

【智慧点评】

戴尔·卡耐基曾说：“你知道一个人获得成功最重要的因素是什么吗？不是行政才能，不是杰出的智力，不是热情和勇气、幽默感。尽管它们每一项都是不可或缺的。但在我看来，应该是交朋友的能力。”所以，作为一名企业管理者，我们就必须要懂得人性管理的重要性，不要总是将员工当作机器去对待，而是要和员工去交朋友，了解他们之后，再团结他们不断前行。

3. 只有优秀教练，才能激发潜能

美国管理学大师彼得·德鲁克曾说：“用人不在于如何减少人的短处，而在于如何发挥人的长处，最大限度地去激发他的潜能，让他的才能不断提升，在个人价值提升的同时促进企业价值的提升。”

可以说，对于现代企业管理者而言，整日里都忙于组织、会议、计划已经不符合这个时代的要求了。他们还需懂得运用出色的人性管理技巧去激励员工，从而让员工身上的潜能得到最大限度的开发，最终让企业产生强大的市场竞争力——你只有成为一名优秀的教练，才能够最大限度地激发员工的潜能。

俗话说得好，有高山就必有深谷。十全十美的人世界上是根本不存在的，每一个人的身上或多或少都有这样或那样的缺点，而我们作为一名企业管理者，作为员工们的“教练”，那就必须教会他们怎么做才能扬长避短。唐代的柳宗元讲过这样的一个故事：一个木匠，自己家的床坏了他却不会修，需要向别人寻求帮助，由此可见他在斧凿刨锯方面的技术有多差了。可是，这个人却对柳宗元说他可以造房子，柳宗元对此将信将疑。后来，柳宗元又碰见了这个人，只见他正指挥着一群人在造房子，里面有木匠也有泥水匠，众多匠人在他的指挥下有条不紊地奋力做事。直到这个时候，柳宗元才相信他说的话是真的，不禁大为惊叹。

现在我们再来分析一下这位木匠。如果将这位木匠仅仅视作一名普通的木匠的话，那么他根本就不是一个称职的木匠，作为木匠连自家的床都不会维修简直是一种耻辱。可是，从他其他方面的表现去看的话，他绝对是一个出色的工程领导者。所以，我们从这个故事中就可以悟出这样一个道理：倘若先看一个人的长处，就能够使其发挥长处，施展自身的才能，最终实现他的价值；倘若只看一个人的短处，那么他的长处就会被短处给掩盖，最终无法让他实现自身的价值。

可是，在实际管理过程中，很多的管理者一旦发现某个员工身上有瑕疵，便只会盯着他身上的瑕疵死死不放，而不会去发现他优秀的地方，最终使得双方合作都很不愉快，落下一个分道扬镳的结果。其实，对于那些身上有瑕疵的员工，作为管理者的你更应该注意自己的“教练”职责，在发现问题后要及时帮助他们去解决问题，要时刻谨记：择其长者而用之，恕其短者而避之；任何人的长处，大都有其固有的条件和适用范围，长，只是在某一方面表现比较突出，短，也只是在某一方面表现较为欠缺而已。

每个员工都有能力成就一番事业，关键在于企业管理者能否激起员工的成就动机。如果你的下属工作勤恳，十分卖力，长期默默地为你工作，使你的公司蒸蒸日上；如果你的下属经常给你提出一些合理化建议，使你深受启发；如果你的下属具有良好的表现、给公司带来收益、为公司做出贡献。那么你作为企业管理者，千万不要吝啬自己的腰包，可以不失时机地发一个红包。通过长期的运作，会让所有的员工都感觉到，你的眼睛是雪亮的，员工所做的一切都逃不过你的眼睛，自己的努力不会白费，多付出一滴汗水就会多一分收获。每个人都希望自己所做的事被认可，希望自己点点滴滴的进步能够被人肯定，希望你的目光能够投向每一个角落——大多数员工也都希望，贤明的企业管理者会像上帝一样，无所不知，无处不在。

【智慧点评】

吉利汽车创始人李书福先生曾说过："企业就要重用和发挥人的作用，要多少钱就给多少钱，这个企业搞好了。企业中人人都是人才，但需人尽其才。"所以，我们要想成为像李书福那样的商业领袖，要想让自己的管理水平更上一层楼，那我们就必须把握好"人尽其才"的观念，利用人性管理的技巧，彻底地激发员工身上的潜能。

4. 人心管理：你必须做一个"授权大师"

著名商业领袖、太平洋建设集团创始人严介和曾经说过这样一句话："厨房里的油瓶倒了，我肯定不会去扶的，会扬长而去。事后追究责任，查找是谁负责这个厨房，谁放置了这个油瓶，这样可以提高厨房管理质量。"

从管理学的角度来看，严介和的这种做法就是"授权"，将一项任务交给员工，让他们为这项任务负全部责任，这样一来既能够提升员工的责任心和工作水平，还显得管理者对员工足够信任、有人情味儿，可谓是一举三得。但是在现实中呢？很多的企业管理者都做不到这一点，尤其是一些刚刚创业的管理者，他们喜欢事无巨细的去过问，几乎任何事情都要自己亲自出马，结果是员工养成了不肯担责的坏习惯，工作能力迟迟得不到提升，自己也陷入了越累越没成效的恶性循环之中。所以，我们要想做一个出色的管理者，深谙人性管理之道，那么我们就必须做一个“授权大师”。

著名商业领袖刘永行说：“公司做大了，必须转变凡事亲力亲为的观念。一定要让职业经理人来做，强调分工合作。我原来一个人管理十几家公司，整天忙得不得了。后来自己明白了，是权力太集中了，所以痛下决心，大胆放权。放权之后，我现在每天有七八个小时的时间学习。”一些创业者在创业初期，往往会习惯于做一个“大家长”，公司的事情总是“一竿子管到底”，时间一长就逐渐成了公司管理中的“枷锁”，严重制约了公司的发展。所以，遇到这种问题的时候，你就必须学会授权，因为授权是一种高明的智慧，会让公司更有活力的同时，也能够吸引聚集更多的人才，最终为公司的做大做强奠定坚实的基础。

很多企业管理者一听说授权就觉得很担心，总是觉得会出很多的乱子，甚至有些人更担心会失去权力。其实，授权并不意味着权责的剥夺。相反，合理的授权还能够让企业管理者从烦琐的事物中抽出身来，集中精力抓重点，做自己最该做的事情。这一切，正如世界著名学者戈登·唐纳森在《公司改组》一书中所写的那样：“权力的下放不等于放弃权力，授权管理不是放任自流，听之任之。当好一名企业管理者是一门很深的学问，也是一本很深奥的书。”

那么，企业管理者在进行授权管理的时候，应该注意什么呢？

(1) 应该以书面的形式确认职责的范围。

(2) 将自己的授权计划报告纳入管理层的公告中。

(3) 一定要在授权过程中将管理目标解释清楚。

(4) 切勿接受职务代表人的自贬自抑。

(5) 务必充分地下放权力而不要紧握不放。

(6) 千万不要让被授权人承受过大的压力。

(7) 被授权者应该是能够坦诚说出不同意见的人。

(8) 千万不要将简单的事情列在较为繁重的事情之前。

(9) 期望被授权人的表现至少达到你的水准。

(10) 经常检查被授权人的工作情况。

(11) 培养善于解决难题的人才以备紧急授权之需。

(12) 不管什么时候发生错误，都要支持被授权者，除非对方犯了大的方向性错误。

(13) 指派工作责任时不要犹豫，要积极正面。

(14) 被授权者接受任务后，你应不断地给予鼓励。

(15) 既已把工作交给被授权者，就不要干预其做法。

(16) 以失败为学习工具，增进你的管理技巧。

(17) 设定切合实际的目标，并配合实际状况做弹性调整。

(18) 一旦发生什么重大问题，应该及时商讨解决，不要交给被授权人独自去解决。

(19) 权力分配时，应该根据自己的能力等因素全面考虑，确立适度的层级与合理的幅度，以实施有效的领导和管理。

(20) 权力分配的基本方式不过数种，但相辅相成，变化万端。身为管理者就应灵活变通，当用则用，当变则变，或因时而用，或因事而变。

(21) 不要将授权范围仅仅限定在执行命令上，应将它扩大到创造性的工作上。

(22) 当被授权者发生疑难时，应当帮他寻找解决方法。

(23) 应鼎力支持被授权者所制订的计划，并为其承担必要的责任。

(24) 不要将多人共同履行的工作交给一位被授权者去履行。

(25) 通过定期训练，使得被授权者快速成长起来。

【智慧点评】

有什么样的老板，就有什么样的企业。一家企业能不能做强、做大，跟企业管理者的做事风格有很大的关系。为什么有的企业一直做不大呢？因为这些企业管理者的心胸太小，他只相信自己。不仅对员工的能力不放心，而且对他们的人品也不放心，所以大事小事都是他自己在忙。结果呢，企业管理者的工作越忙，整个企业的工作效率越低。没有无用的下属，只有无能的管理者。企业管理者是做最重要的事，最紧要的事，而不是一天到晚在忙些鸡毛蒜皮而毫无效益的事情。一个好企业管理者一定要学会抓大放小。企业管理者做未来的事情，经理做现在的事情，员工做过去的事情；未来的事情是战略，现在的事情是管理，过去的事情是操作。企业管理者需要面向未来，而不是纠缠过去。

5. 如何做到“用人要疑，疑人要用”

经常听见有的下属抱怨上级：“你不信任我！你要是信任我就不要来管我，放手让我去干！把这件事全交给我去干。”

其实，信和任是两个不同的词。信是相信，但任是委任。相信一个人但未必会委任一个人去做一件事。就像我们相信诸葛亮有非凡的才华，但不会委任他给你当开刀手术医生一样。同样，委任一个人一件事，也不能完全不顾不问的等待结果，那是非常错误的。领导的职责就是要确保事情有结果和部属有成长，分配工作后不闻不问是领导的失职。检查工作进展，完善工作方法和信不信任没有关系。

“用人不疑，疑人不用”是较低水平的管理方法，是种无奈！而“用人要疑，疑人要用”才是更高境界！

——摘自《马云扎堆专栏》

首先我们来看一则典故：“太祖时，郭进为西山巡检，有告其阴通河东刘继元，将有异志者，太祖大怒，以其诬害忠臣，命缚其人予进，使自处置。进得而不杀，谓曰：‘尔能为我取继元一城一寨，不止赎尔死，当请当尔一官。’岁余，其人诱其一城来降。进具其事，送之于朝，请赏以官。太祖曰：‘尔诬害我忠良，此才可赎死尔，赏不可得也!’命以其人还进，进复请曰：‘使臣失信，则不能用人矣。’太祖于是赏以一官。君臣之间盖如此。”

这个典故出自宋朝初年。当时，有个叫作郭进的人任职西山巡检，一天，有人密报说他暗地里和河东刘继元有交往，将来有可能造反。宋太祖听后马上就一肚子怒火，认为他是诬害忠良之人，下令将他绑起来交给郭进，让郭进自己处置。令人意想不到的是，郭进却没有杀这个人，而是对他说：“如果你能帮我攻占河东刘继元的一城一寨，我不但赦免你的死罪，并且还能赏你一个官职。”这一年快要结束的时候，这个人将刘继元的一个城诱降过来了。郭进将他的这件事上报给了朝廷，请求给他一官半职。太祖说：“他曾经诬害我的忠良之臣，可以免掉他的死罪，给他官职却是不可能的。”命令还是将这个人交给郭进。郭进再次进言：“如果皇上让我失信于人，那我以后怎么用人啊?”于是，宋太祖就给那人赏了一个官职，君臣之间就应该是这样相互守信的。

可以说，用人不疑，疑人不用，这是中国传统的信任方式。现如今，用在企业管理上那就是要放手让下属去大胆尝试，不要什么都管——这一管理方式一直都被大家所接受，可是现在却被马云给颠覆了，他提出了“用人要疑，疑人要用”的管理理念。

“用人要疑，疑人要用”，这不是与我们一直所接受的管理理念相悖吗?马云为什么会这么说?其实，马云的这个观点也是很有道理的——也许除了你的父母亲人，这个世界上没有人是你可以无条件相信的；不管任何时候，你若是相信了别人，都要为这份信任承受风险，所以你应该是“用人要疑，疑人要用”。

“用人要疑”的关键不是说你对自己的团队成员要每时每刻都去怀疑，而是要有一颗防人之心，不仅防备他们会泄露你的商业机密，更要防备他们在一些工作上所出现的骄傲自满等不良心理，使得他们始终和你保持一个步调，最终将自己的事业做大。

“疑人要用”的关键就是不能因为你怀疑一个人就不用他，有些人可能你并不是很信任，但是他们的水平确实很高，这个时候你就应该选择做好防范措施的同时合理地用人，而不是直接一棍子打死，干脆不用。

所以，作为一名企业管理者，就必须向马云学习，要懂得不拘一格降人才，敢于合理用那些有才华但身上可能有某些瑕疵的人，同时也要对自己身边的每一个人都保留一点防备之心，毕竟“防人之心不可无”，在竞争激烈的商海中更应该如此。

【智慧点评】

海尔CEO张瑞敏曾提出，“用人不疑，疑人不用”是小农经济的思想产物，是一种封建、封闭、缺乏辩证态度的看法，是导致干部放纵自己的理论温床。如果只用而不疑，企业迟早必乱；如果只疑而不用，企业人才必定越来越少。可见，正确的态度应该是“用人要疑，疑人要用”。所以，企业管理者在使用人才的时候，就必须建立合理的监督选拔机制，在防范风险的时候也不造成人才的埋没，如此才会让企业集聚更多的优秀人才。当然，“用人不疑，疑人不用”也是人性管理中的一个很高明的招数。

6. 隐忍，人性面孔上最璀璨的一颗明珠

著名商业领袖、中国企业家教父柳传志曾对自己的接班人杨元庆说：“人生在世，注定要受许多委屈。而一个人越是成功，所遭受的委屈也越多。要使自己的生命获得价值，就不能太在乎委屈，不能让它们揪紧你的心灵。要学会一笑置之，要学会超然待之，要学会转化势能。智者懂得隐忍，原谅周围那些人，让我们在宽容中壮大。”

对于一名企业管理者而言，深谙隐忍之道，也是其成功路上不可或缺的关键一课。隐忍，人性面孔上最璀璨的一颗明珠，它不但能够让你变得更加沉稳老练，还能够让你身边的人对你敬重有加，死心塌地和你一起开创一番波澜壮阔的事业。

说到隐忍，中国历史上最有名的例子莫过于汉朝的开国元勋张良了。

秦朝末年，张良在博浪沙谋杀秦始皇没有成功，便逃到下邳隐居。一天，他在镇东石桥上遇到位白发苍苍、胡须很长、手持拐杖、身穿褐色衣服的老人。老人的鞋子掉到了桥下，便叫张良去帮他捡起来。张良觉得很惊讶，心想：哪里来的老家伙呀？莫名其妙地让我帮你捡鞋子？咱们又不认识。一瞬间，张良甚至想拔出拳头揍对方，但见他年老体衰，而自己却年轻力壮，便克制住自己的怒气，到桥下帮他捡回了鞋子。令张良没有想到的是，老人看到鞋子后竟然张口说道："给我穿上鞋！"张良一听十分生气，但是想到自己已经替他捡了鞋子，就弯下腰给他穿上了。老人穿上鞋子后，微笑着离去了。张良非常惊奇，目送老翁很远。老翁走了大约一里路，又回来，说："小子可以教诲。五天后黎明，与我在此相会。"张良因此感觉老人很怪异，回答说："嗯。"

五天后的拂晓，张良前去。老人已先在那里，生气地说："跟老人约会，反而后到，为什么呢？"老人离去，并说："五天以后早来会面。"五天后鸡鸣时分，张良就去了。老人又先在那里，又生气地说："又后到，为什么？"老人说："五天后再早点儿来。"五天后，张良不到半夜就去了。过了一会儿，老人也来了，高兴地说："应当像这样。"老人拿出一部书，说："读了这部书就可以做帝王的老师了。十年以后就会发迹。十三年后你到济北见我，谷城山下的黄石就是我。"老人说完便走了，没有别的话语，从此没有再见到这位老人。张良天明时看那部书，原来是《太公兵法》。张良觉得这本书非同寻常，经常学习诵读它。

这就是流传至今的"张良拾履"。后来，熟读《太公兵法》的张良在楚汉相争中，凭借着这本书给他的谋略智慧，帮助刘邦问鼎中原，而他也成了"汉初三杰"之一。如果张良控制不住自己的怒气，打了那位老人一顿的话，那么不光他的人生，可能整个中国历史都会被改写。总之，一个人若想获得别人的帮助，想要走向成功，那就必须学会隐忍——所谓"适者生存"，我们要想在社会上干出一番事业来，那就一定要懂得隐忍的道理；当你承受了别人所不能承受的委屈，你才能成为一个待人和气且识大体顾大局的人。

那么，对于一位企业管理者而言，该怎么做才能够让自己成为一个懂得隐忍的人性化管理者呢？

(1) 你要学会隐忍，那就必须有开阔的胸怀和担当，要有很强的承受委屈的能力。

著名商业领袖马云曾写过这样一段话：“飞机上看了一部反映第二次世界大战诺曼底战役的电影，战争的残酷，人性善恶的变幻，联想近期之各类系列‘风暴’，感触良多……商场如战场，善良、信念和对追求阳光的执着最终会陪伴你渡过最沮丧、艰难、冰凉的日子。企业如人。判断一个人、一家企业是否会有出息要看这人 (企业) 的境界、胸怀和担当力。境界、胸怀和担当力要看他 (它) 走过漫长的荆棘之路，经历过腥风雨血的磨难，接触过魔鬼和人渣的洗礼，是否还依旧保持淡然心态，云卷云舒，静观众妙，相信阳光。要做到这样的状态确实很不容易。所以成功者很少。但倘若众人皆有如此之眼光胸怀和扛击打力，还会有你的机会吗？不要企求别人会认同你。不同的性情和格局决定了不同的命运。企业的不同，不是因为它的商业模式，而是企业人的境界、胸怀和担当力的不同，正因为这些不同才会产生不同的商业模式。多大的船决定要承担多大的阻力，多大的风浪会炼出多厉害的船长、大副、二副、水手。很多时候不是你选择了风浪，而是风浪选择并决定了你！优秀的水手觉得不是战胜了风浪，而是适应了风浪。”

试想一下，如果你的胸怀不够开阔，又没有担当，当下属们一旦犯错或对你提出质疑与批评的时候，你是不是会暴跳如雷？答案应该是肯定的。所以，你要掌握人性管理的精髓，要让员工感受到你带给他们的温暖与呵护，那你就必须懂得隐忍，在员工们犯错的时候要帮助他们改进，在员工们质疑或提出批评的时候要认真冷静地去对待。如此，你才会成为公司这艘船上最出色的掌舵者。

(2) 多为别人考虑，不要只盯着自己的利益。

秦穆公是一个能够为老百姓着想的国君。有一次，他很喜欢的一匹马自己跑了，这匹马跑到岐山下的时候被一群人抓住，并且杀了以后吃掉了。秦穆公派手下到处寻找，终于找到了自己的爱马，不过这个时候已经只剩下骨头和皮了。秦穆公的手下看到自己大王的爱马被这些百姓吃了，非常生气，于是就要把这些人处以极刑。这个时候秦穆公制止了他们，还赏赐了很多美酒给这些百姓，怕他们吃了不熟的马肉而身体不适。百姓们非常感谢秦穆公，在一次秦晋之战中，这些百姓们都自告奋勇去上阵杀敌。在这次战斗中，百姓们都非常英勇，最后帮助秦穆公打了胜仗，秦穆公成功俘虏了晋国国君。秦穆公或许从来没有想过自己会依靠这些吃了自己爱马的百姓们去赢得战争的胜利，可是事实就是那些百姓们都记得秦穆公的恩德，都愿意用自己的生命来报答秦穆公。

对于一名企业管理者而言，如果在管理的过程中总是盯着个人利益，而忽视员工的利益，不懂得为员工们着想，那他怎么能够赢得员工们的心呢？又怎么能够成为一名出色的人性管理者呢？所以，你若想成为一名人性化企业管理者，那你就必须向秦穆公学习，学会多为别人考虑，不要只盯着自己的利益。

【智慧点评】

世界500强正威集团董事局主席王文银说："要信奉隐忍的力量。在中国发展企业，隐忍的理念最重要，所谓'隐'，就是别人看不见你，你看得见别人；'忍'就是心字头上一把刀。经营企业不能急于求成，一木是木，两木成林，三木成森，只有变成森林的时候你才可以改变气候；一个人是一个人，两个人是一丛人，三个人是众人，等你拥有了众人才可以改变世界。在中国做企业不能追求名利双收，更不能追求名利权三收。"正如王文银所说的这样，你若想在中国这片热土上干出一番事业来，那你就要信奉隐忍的力量——隐忍让你变得足够强大，因为有无数的人才会站在你的身后。

7. 误区：必须"用慈掌兵"

《孙子兵法》有言："厚而不能使，爱而不能令，乱而不能治，譬若骄子，不可用也。"可见，管理者可以有仁爱之心，但是不宜仁慈过度，以至于失去惩罚的魄力。但是，在现在这个讲求人性化管理的年代里，很多刚刚触及企业管理的人员，总是觉得应该“用慈掌兵”，而且还应该“一慈到底”，不管任何时候都应该用最温和的方式去对待员工，这样才算人性化管理。

可以说，这样的管理方式是十分错误的，不管你何时何地，只要你是一个企业管理者，那就必须始终铭记：“慈”的目的一定是为了让企业获得足够多的效益——企业管理者的根本职责就在于为企业创造效益，因此不能对违反制度的员工不闻不问，这样只会让员工产生懈怠之心，延误工作效率。如果企业管理者总是一味地姑息迁就、失之于宽，会让公司制度形同虚设，针对违反制度的员工，企业管理者应采取相应措施施以惩戒，压住自由散漫的风气，保证制度落实。

著名的马克西姆餐厅遍布各大城市。在餐厅的管理制度上，从卫生到服务，甚至到回答客人的各种问题，都有严格的规定。并且内容具体细致，任何人都不得违反。比如，《总则》中有这样一条规定：对顾客提出的任何问题，永远不能回答：“不知道。”如果遇到不清楚的问题，应向客人说明，马上去问，给顾客一个满意的答复。马克西姆餐厅执行得十分出色。服务人员已经养成一种习惯，即必须尽力给顾客以满意的回答。在调动员工积极性的同时，马克西姆餐厅也制定了严格的惩罚条例，所以员工不仅自觉遵守制度，而且能严格执行规章中的要求。

中国历史上的很多伟大皇帝的成功不外乎两个字，一个是“善”，另一个是“狠”，他们对待贤臣与老百姓总是“善”，对待那些奸佞小人则是用“狠”。唐太宗李世民不计前嫌重用政敌的下属魏徵为相，最终创造了中国历史上最为辉煌的大唐盛世，而他在对待奸佞之臣时总是毫不手软，严刑峻法伺候。明太祖朱元璋在打天下的时候一直重用李善长、刘伯温、徐达等贤臣良将，坐定江山之后则是狠惩贪官腐将，很多的贪渎官员更是被剥皮挂在官府的大堂上以警示后人。

“慈不掌兵，情不立事”，古来善用兵之人，皆知此理。这不是说要给部下黑脸看，而是说关键的时候，绝不能因为妇人之仁而误了大事，所谓“养兵千日，用兵一时”，处此“一时”之时，统帅战将必须要有钢铁一般的意志和决心以指挥行事，绝不能因心软而坏了大局。

能者上，败者退，才是世上最公平的舞台。如果你是一位真正为员工负责的企业管理者，那么你就必须认真考核他们，严格要求他们，努力逼迫他们迈入成长的快车道。如果你总是因为碍于个人面子 ，而不敢提高目标，不敢严格要求，那你只能培养出一群庸庸碌碌的员工，而且这是对员工们最大的损害。

【智慧点评】

“慈不掌兵”是治军理国的大智慧，也是管理员工、促使制度落实的大谋略。管理者应该把这句话作为自己的座右铭，让这种意识深刻地印在自己的心中，如此才能管好员工、治理好企业。而对于那些深陷“用慈掌兵”误区的企业管理者们而言，现在最需要做的就是马上改变自己的管理理念——你可以仁慈，但是不可以没有限度；你可以爱护你的下属，但不要总是大包大揽。你的团队要成长，你就必须做一个外刚内柔的“领头羊”。

8. 一定要让员工快乐工作

“为什么我的员工们总是一副无精打采的样子？”

“我保证我已经想尽了一切办法，可还是无法提升员工们的工作效率。”

“究竟怎么做，才能够让我的团队看上去不再像一潭死水一样，我该怎么办？”

……

当你发出类似这样的感慨之际，证明你已经遇上了管理中的大难题——员工积极性不高。为什么你手下的员工们的积极性会不高呢？一个很重要的原因可能就是员工们在工作中感觉不到快乐。

马云曾说过这样一段话：“很多人总是纠结生活和工作的时间分配。我也纠结过很久。很多年前，公司组织了一次内部论坛，讨论员工的工作、生活的时间管理，我被邀请去发言分享自己的经验。那次可能是我讲得最糟糕的一次，因为我讲得很言不由衷，我随后向同事们道歉，因为我自己也从来没有合理安排好过。我们总觉得别人能把生活和工作的时间安排得比自己好，其实不然。我见过不少事业成功人士，发现真正能把生活和工作的时间安排得好的人不多。工作其实就是在谈恋爱。有快乐、幸福、充满激情的时候，也有沮丧、痛恨、讨厌的时刻。想坚持，也想放弃，更多的是对做下去值不值得的犹疑不决。顺利的时候快乐万分，对未来充满期待，遇到挫折困难的时刻又恨不得立刻辞职放弃。把工作当作谈恋爱，你的心态会好很多，对工作和对自己也会客观理性很多。”

前苏联著名作家高尔基曾经说过：“工作快乐，人生便是天堂；工作痛苦，人生便是地狱。”试想一下，你的员工们每天都像是在地狱中工作的苦鬼一样，那他们怎么可能有足够高的积极性呢？所以，你就必须明白：对于每一位员工来说，快乐工作是一种根本上的动力；对于企业管理者来说，让员工快乐工作则是最大的福利。只有员工以快乐的心态和谐地融入到企业之中，整个团队才有力量，才能创造出更多的财富。员工在苦恼中工作，效果再好也不可取，因为这种状况不会保持长久。所以，我们必须清楚地知道，员工是人，不是机器，他们不可能一直保持一种状态，为此作为企业管理者的我们就应该明白他们的状态变化，然后不断做出调整，才能够让他们快乐工作。

当然，你也会问，究竟是什么原因导致员工们无法快乐工作呢？下面就给大家详细分析一下：

（1） 不合理的薪酬管理，导致员工无法快乐工作。

如果说“胆小做不了将军”，那么“小气做不了领导”。激励下属努力工作的技巧多种多样，但总离不开满足他们的需求。要充分满足员工的需要，首要的就是不能太小气。愚蠢的企业管理者对于时间计算得很精，使下属从来不觉得可以准点下班，即使没有太多的工作也一样。中午只有半小时的用餐时间，多喝一杯茶也会被看作是偷懒。使用电话过多，企业管理者甚至会走过来盯着员工看，直到员工挂断电话。如果公司对所有的花费都“精打细算”，员工抱怨薪水过低，福利待遇几乎没有，这样只会降低员工对公司的信任度。因此，那些将员工视为赚取利润的压榨工具的企业管理者，就不能总是想尽一切办法从员工身上去榨取利润。因为他们这么做的结果是从员工身上榨取了微薄的利润后却失去了更多的利润。所以，作为企业管理者，要想进行成功的人性化管理，让员工快乐，那就必须将心比心，认真考虑员工的薪酬待遇问题，只有员工们赚到了能够安下心来去工作的薪酬，他们才能够在工作中保持良好的心态。

⑵ 不要总是批评员工，该表扬的时候一定要表扬。

有些企业管理者总是将批评视为一种“高超”的管理手段，认为批评就是鞭策的有力武器，可以让员工更好地去创造价值。可是，他们没有想过，人都是有逆反心理的，适当的批评确实可以提升员工的积极性，但是过度的批评则会引起员工的逆反心理，导致员工在工作中总是保持负面情绪，从而不利于员工工作。所以，对于企业管理者而言，最合适的做法就是不要总批评员工，而是该表扬的时候一定要表扬，恩威并施才能够让员工们更好地为企业创造利润。

⑶ 多和员工交流，了解他们的情绪波动。

作为一名企业管理者，就应该多和员工交流，及时了解他们的心理变化以及员工们的家庭生活状态，及时地给予他们各项帮助，从而为员工们排忧解难，让他们在工作中保持高涨的情绪。

⑷ 把成功归于员工，重视员工胜过重视自家人。

《三国演义》中，蜀汉主刘备将大将赵云从乱军中救出来的儿子抛在地上，并喊道：“为一孺子，险折损我一员大将。”结果刘备的这句话令赵云当即热泪盈眶，拜伏于地，从而死心塌地地帮助刘备打天下。所以说，只有把功劳分给员工，并充分地肯定他们的成绩，才会得到他们的信任与感激，这样才能够把员工凝聚在你的身边，并让他们快乐工作。而重视员工胜过重视自家人，还能够让他们有被尊重的感觉，会更加用心地去工作。

【智慧点评】

上海大众汽车公司人力资源总监黄玉寅表示：“企业关键是要建立一套体系，帮员工在工作中得到认同，不仅是工作业绩的认同，更感受到企业文化的认同。”林光明的答案则是：“给员工想要的职业发展的平台，使其获得认同，产生工作的快乐。”明基全球副总裁洪宜幸更将快乐上升到“幸福”

的概念："要让员工不单单感受到快乐，更感受到爱与幸福。企业需要塑造共同的经验，让员工一起共享经验、共享成就、共享快乐、共享成功。"可见，让员工快乐工作，才算是人性化管理者的成功之处。

9. 人性管理从安心开始

有人说，中国人喜欢单打独斗，不擅长团结。一个鲜明的比喻是，中国人"一个人是条龙，三个人是条虫"。所谓"一个和尚有水喝，三个和尚反而就没水喝"，总之，中国人缺乏团结合作的精神。这种说法不无道理，因为中国人本来就很难管理，所以领导人如果能聚合团队的力量，促使整体大于部分，那么他的领导水平就很高了。

历史上，刘邦通过垓下一战打败项羽，取得了决定性的胜利，建立了汉朝。在庆功会上，刘邦向众人提问："请教各位，我们如何能得天下，而项羽又如何失去天下?"

众人议论纷纷，但都被刘邦否定了。最后，他发表了一番高论："你们的话也对也不对，对者，只知其一，所谓不对则不知其二。我多次濒临于灭亡，但终究图大业，获取天下，正是由于我尚有自知之明，并不过于相信自己的才能和运气。论出谋划策，运筹帷幄，决胜于千里之外，我比不上张良；论治国安民，筹措粮草，我比不上萧何；论指挥军队、统兵作战、攻必克、战必胜，我比不上韩信。我之所以能统一天下，并不是我有什么超人的本领，更不是有什么神灵保佑，只不过我看到了自己的不足，借用了别人的长处来补偿自己的不足。处处礼待像张良、萧何、韩信这般能人，信任他们，充分发挥他们的才能，所以才得了天下。"

刘邦的这段话，精辟到位，实际上道明了领导人如何带队伍的学问。刘邦知道自己的不足，这种自知之明让他能够团结有才华的能臣战将。张良、萧何、韩信都是有本领的人，但是需要刘邦这个人来组织，才发挥了应有的才华，实现了夺取天下的胜利。这是领导人透过己安和人安，决胜千里的史诗。

中国人不好管，但是这不代表他们没有合作精神，只是轻易不合作，如果有着共同的需要，只要时机恰当，形势有利，再加上有合适的管理者，大家仍然会走到一起，干出一番事业。这就需要企业管理者迎接挑战，下好“安心”这步棋。

(1) 把不同风格的人捏合在一起。

在公司里，员工的性格不同，能力大小不同，特长不同，还可能存在极个别的“全才”“怪才”，企业管理者需要考虑的是怎么通过自己的影响，把不同的人捏合在一起，打造一个完美的团队——只有大家融进一个集体了，才能够安心工作。

企业不是由一两个人组成的，而是由几百、几千甚至几万个人组成的。有多少个人就有多少颗心，而每颗心都有自己的想法，再加上每个人都有不同的家庭、教育和经历的背景，甚至各自的生活压力也各自不同，所以他们的心理状态自然也不同。

因此，真正有水平的企业管理者，就是要使诸多不同都整齐化、系统化。领导力便是影响力，领导力强的人能够通过他个人的影响力使得一整群人愿意跟随他的意志迈向同一个正确的方向。正如阿里巴巴创始人马云所说：“进了公司，就是朋友，我是捏他们的水泥，他们是石头。阿里巴巴也是水泥，沙滩上小的石头，可以捏在一起抗衡大公司。”

(2) 打成一片，能安人心。

“物以类聚，人以群分”，说的是有着共同爱好、理想、性格的人能走到一起，发展关系、进行合作。道理很简单，大家能够说到一块儿、打成一片，才能心心相印。对企业管理者来说，在日常经营管理过程中，把自己扮演成“我们是一个队伍里的人”，往往能获得对方的认同。

在尔虞我诈、弱肉强食的商业世界里，人们精于算计和谋划，但是李嘉诚秉承“同天下之利者则得天下”的信念，与商界同行打成一片，最终建立了自己的商业帝国。李嘉诚曾经帮助包玉刚收购了九龙仓，又击败置地购得中区新地王，但是并未因此与竞争对手纽璧坚、凯瑟克结为冤家。一场博弈之后，大家握手言欢，联手发展地产项目。李嘉诚相信：“人要去求生意会比较难，而让生意跑来找自己，做起来就比较容易。”因此，李嘉诚在商业竞争中非常注意加强与对方合作，充分照顾到对方的利益。于是，他和生意场上的许多人结成了合作伙伴、打成了一片，创造了“只有对手而没有敌人”的奇迹。

在企业内部，企业管理者要和员工打成一片，关心他们的工作并帮助他们解决困难。另外，你在商场上要和业务伙伴打成一片，不仅要在合作的项目上密切联系，也要在对方遇到困难时拉一把。总之，对方信任你，能够安心做事，你才能成大事，管理和做生意其实都是一脉相通的。

【智慧点评】

作为一名企业管理者就必须明白：我们进行人性化管理的目的就是带好队伍，让大家安安心心地跟自己走。所以，企业管理者就必须要考虑如何让每个人充分施展自己的才华，让大家团结一心，实现 1+1>2 的效果——带队伍就是安人，进而安心。安人就是把部分合在一起，合成一个整体，并且促使整体大于部分，透过己安和人安增进和谐的效果。

10. 懂人性的关键就是会“识人”

古人有云：“善战者，求之于势，不责于人，故能择人而任势。任势者，其战人也，如转木石。木石之性：安则静，危则动，方则止，圆则行。”这句话的意思是说，善于用兵打仗的人，总是努力寻求有利的态势，而不是对下属求全责备，并且能够选择人才去利用有利的态势。善于利用态势指挥军队作战，就如同滚动木头、石头一般。木头和石头的特点是，置放在平坦安稳之处就静止，置放在险峻陡峭之处就滚动，方的容易静止，圆的滚动灵活。

对于企业管理者而言，就应该明白自己最大的“势”就是人力资源——

人力资源是企业发展的根基，因此如何“识人”就是关键，只有“识人”才能“育人、用人和留人”。更为重要的是，你若想成为一名出色的人性化管理者，那你首先要学会的就是“识人”，不“识人”你又如何谈人性化管理呢？所以说，作为一名企业管理者，每天在接触很多人的同时，就必须学会准确、客观、全面地判断他人，看清楚这个人身上的长处与短处，以及其是不是与自己的企业合拍。如此，你才能够找到最优秀的员工。

那么，作为一名立志于成为出色人性化企业管理者的你来说，在“识人”之时该掌握哪些技巧呢？

(1) 透过衣着打扮来“识人”。

俗话说得好，“人靠衣装马靠鞍”，不同人的穿衣都是有着不同的风格的，而这种风格上的差异恰恰是一个人内心世界的差别反应。通常来说，喜欢穿很潮流的衣装的人内心都有很强的优越感，喜欢穿宽大衣服的人则具有很强的表现欲望，衣着朴素的人则是踏实但欠缺个性。因此，企业管理者通过一个人的衣着打扮就能够对他进行一个初始的判断。当然，“人不可貌相，海水不可斗量”，仅仅凭借着一个人的衣着打扮是不能做出准确判断的。

(2) 通过言谈去“识人”。

在实际管理过程中，管理者一定要善于从别人的言谈中去识透对方。通常来说，那些言谈中经常对别人品头论足的人都有着很强的嫉妒心，说话模棱两可的人都喜欢迎合他人，乐意和人聊家常的人都比较热情，喜欢用凌厉的语气去压制别人的人都很有野心，爱发牢骚的人则是心眼较小，语言传统的人则较为保守。俗话说，以言取人，因言废人，听人说话也是一门博大精深的学问。所以，作为企业管理者的你，就必须在这门学问上多下功夫，如此才会多掌握一道“识人”之技。

(3) 通过举止去“识人”。

在实际管理过程中，管理者一定要善于从别人的举止中去识透对方。通常来说，那些走路时步伐急促的人大多精力充沛且敢于面对挑战，那些与人交流时小动作不断的人则专注力不够，走路慢的就像去踩蚂蚁一样的人则较为稳重但欠缺激情，坐姿较为古板的人则较为固执但做事情很有韧性，握手时喜欢盯着对方眼睛看的人说明对方很强势。

(4) 透过工作“识人”。

企业管理者一定要明白，工作是清楚反映一个人品性和能力的最好检测器。通常来说，那些在工作中一丝不苟的人较为负责，那些在工作中喜欢找借口的人则不可大用，情绪跟着工作的难易程度上下起伏的员工是一个意志不够坚定的人，工作中出现问题就开始抱怨的人往往比较不自信。对于企业管理者而言，通过一个人的工作态度了解一个人之后，你就可以决定如何用他了。但是，有时候一时的工作态度上的表现并不能够准确、全面、客观地反映一个人的品行和能力，还应该以一定时间的观察期为准。

(5) 通过与他交往的人“识人”。

古语有云：“物以类聚，人以群分。”企业管理者要想真正了解一个人，那么也可以通过观察这个人身边的朋友来了解他是一个什么样的人。如果一个人整天与一帮不务正业的人打交道，那么他可能就不是一个靠谱的员工；如果一个人整天都与一群追求上进的人在一起，那么他则是一个可用之人。

【智慧点评】

茫茫人海，芸芸众生，每一个人都是彼此不相同的个体，也都是一个独立存在的“世界”。所以，企业管理者要想从千万人中找出合适的人才，那就必须学会“识人”之术，善于“察言观色”，善于“慧眼识人”，从而集聚更多的优秀人才，让自己在竞争激烈的商海中牢牢地占据先机，从而为自己纵横商海打下坚实的基础。

第三副　领袖面孔

浪花淘尽英雄，领袖屹立潮头

世界顶级大企业最直观的感触特征是什么？答案不是高价值的品牌，不是耀眼的产品，而是极具领袖魅力的企业领导人——当别人跟你提到苹果公司的时候，你最先想到的一定是史蒂夫·乔布斯；当别人向你提到微软公司的时候，你最先想到的一定是比尔·盖茨；当别人向你提到万达公司的时候，你最先想到的一定是王健林。是的，纵观世界企业发展史，每一个伟大的企业背后都站着一位极具领袖魅力的企业领导人，他们鲜明的自身形象不但成了企业的代表性符号，更是为企业注入了很大的发展动力——当无数的受众开始膜拜他们的时候，他们的企业已经站在了世界商圈的最顶端。正所谓，浪花淘尽英雄，最后屹立在时代潮头的只有那一位位传奇的商业领袖。

1. 拥有超凡领袖魅力，才能成就一番事业

在现代商业社会中，企业管理者的领袖魅力是企业中十分有价值的财富之一，尤其对于那些刚刚创业的小型企业来说，一个颇有魅力的创始人往往比那些权威型领导者更容易“征服”员工的心——他们就像一面迎风飘扬的鲜红旗帜，吸引四面八方的人才前来加盟。所以，对于那些梦想成为世界顶级商业领袖的企业管理者来说，就应该不断地提升自己的领袖魅力，如此才能够让自己干出一番事业来。

毫无疑问，牛根生三个字就是中国商界传奇领袖的代表性符号之一。当年，拿出 170 万元进行创业的牛根生，在创立蒙牛乳业之后，其以接近 400%的年增长率快速发展，最终蒙牛成了国内的乳业巨头之一。

在牛根生身上，最大的领袖魅力来自于“散财”。2004 年，当蒙牛的年销售额达到令业内惊叹的 80 亿元之后，他给奶牛养殖户发放的奶款竟然多达 30 多亿元。因此，牛根生被中国乳业界称为“散财大师”——“散财”成了他身上最大的魅力标签之一。

之后不久，牛根生又做出了一件令中国乳业界更为惊叹的决定：将自己持有的全部蒙牛公司的股份都捐献出去，用来成立基金会，以支持蒙牛的百年发展大计。牛根生的计划是：第一步将股权分红的 51%捐给基金，49%留给家庭生活所需，他所持有的蒙牛股份的表决权转交给下任董事长；第二步是在自己去世之后，股份全部捐给“老牛基金会”，家人只可领取不低于北京、上海、广州三地平均工资的月生活费，而老牛基金会里所积累的基金则用于奖励对蒙牛发展有贡献的人员。

牛根生希望这个基金会能作为助力剂，帮助蒙牛成为百年企业。“老牛基金会”的设置，不仅增加了蒙牛的品牌、商业道德、社会责任等新型的企业价值，无形中还进一步增加了自己身上的商业领袖魅力，越来越多的优秀

人才开始围聚在他的身边……现如今的蒙牛，规模更是比之前大了很多，尤其是在经历了这么多年的发展之后，无论是在品牌、技术还是质量等方面，都已经非常出色了，被无数消费者视为中国乳品企业中的骄傲。

那么，对于每一位渴求成为世界顶级商业领袖的企业管理者来说，该怎么做才能够提升自己的领袖魅力呢？

（1）做员工的良师益友，不摆架子，不打官腔。

虽然摩托罗拉公司已经不再辉煌，但是它的创始人鲍伯·高尔文（Robert Galvin）却是一位至今都令很多世界顶级企业管理者佩服的传奇商业领袖。高尔文身上最大的特点就是他拥有无与伦比的领袖魅力，他不仅拥有出色的商业头脑，而且极具领袖智慧。高尔文的领导风格带着非常强烈的个性化色彩，努力做员工的良师益友，从不摆架子，也从不打官腔。因此，高尔文被员工们评价为“一个正直而平易近人的人”。他对自己的定义则是做一名“好的制度领导者，好的倾听者”，因此他十分关心那些被高级经理们忽视的雇员，就像父母对待子女一样，力图让每个员工在摩托罗拉都受到平等的对待。如果一个人在摩托罗拉工作十年以上，那么未经高尔文的亲自批准，就不可能被解雇。结果，高尔文率领下的摩托罗拉公司成了近半个世纪以来世界上最伟大的企业之一。

（2）你不仅仅是员工的榜样，更是员工心目中的偶像。

不论是在谷歌还是在阿里巴巴，不论是在可口可乐公司还是在百度公司，拉里·佩奇、马云、阿萨·坎德勒、李彦宏，他们不仅仅是自己员工的榜样，更是员工们心目中的偶像。2014 年，美国一家著名新闻刊物采访谷歌公司的十位员工之时，问了他们同一个问题：“你们对于老板最直观的评价是什么？”结果，这十位员工给出的答案中都有一个共同的选项，那就是“偶像”。如果你只是员工们的奋斗榜样，那么员工们未必会被你彻底地“征服”，只有你成为他们的偶像之时，他们才会努力地向你学习，听从你的安排并努力去奋斗。

（3）不断地去塑造自己的形象，你的形象价值百万。

著名企业管理家马克斯·韦伯指出：“魅力型领导者必须向追随者证明他具有非凡的能力，只有这样才能被别人认可。这种形象塑造的目的，是要确立追随者对领导者的信任和信心，使追随者相信领导者的正直，从而甘冒职业上的风险去追随领导者的愿景。因此，魅力型领导要非常注意塑造自己的形象。”所以，我们要想成为一名出色的商业领袖，拥有超凡的领袖魅力，那你就必须不断地去塑造自己的形象——你必须明白，你的形象价值百万，只要你的形象能够深入员工们的内心，那你的魅力就会不断地提升。

【智慧点评】

一般来说，拥有领袖魅力的企业管理者通常都能够在这几个方面影响员工：有能力陈述一种下属可以识别的、富有想象力的未来远景；有能力提炼出一种每个人都坚定不移赞同的组织价值观系统；信任下属并获取他们充分的信任回报；提升下属对新结果的意识，激励他们为了部门或组织而超越自身的利益。

2. 镇定自若，从容处理突发状况或紧急事件

当突发状况或紧急事件突然袭来之际，你是不是会手足无措？

当突发状况或紧急事件突然袭来之际，你是不是会镇定自若？

如果身为企业管理者的你是前者，那么很遗憾，你根本不是一个合格的企业管理者，更别提身上具有强烈的领袖魅力了；如果身为企业管理者的你是后者，那么你不但是一个优秀的企业管理者，更是企业中最具魅力的领袖！

在竞争激烈的商海中，每一个企业管理者总是会遇见不可预知的突发情况，因此你就必须具有很强的应急事件处理能力，千万不能一遇见挑战和困难就手足无措。所以，你要想成为一名优秀的企业领袖，那你就必须学会镇定自若。

1995 年，马云开始了他在互联网上的传奇创业之旅。当时，正处于互联

网的悄然发展阶段，很多人对于互联网一点儿概念都没有，也没有多少人认为互联网会成为未来改变世界的力量。但是，马云却慧眼识中互联网。然而，由于很多的技术条件都不具备，马云在创业初期遭遇了很多的突发情况，但是每一次突发情况发生之际，他都能够镇定自若地去面对，最终化解了一次次的创业危机。

2003年，马云创立的阿里巴巴已经成了一个明星企业。可就在这个时候，马云和阿里巴巴却遭遇了创业初期最大的一次突发状况，不是人祸，而是天灾——令全世界都恐慌的非典疫情爆发了，当SARS狂魔开始侵袭之际，阿里巴巴也出现了一例疑似非典患者员工。当这个消息悄悄蔓延开来之际，整个阿里巴巴上上下下都一片恐慌，局面甚至开始混乱。面对这一突发情况，马云保持了他一贯的镇定自若，此时的他清楚自己该怎么做。

很快，他就和管理层在最短的时间内制定了一套应急方案：

(1) 尽最大的能力将消息控制在最小的传播范围内，以减少员工们的恐慌情绪。

(2) 让员工们都在家里办公，公司为员工提供电脑，网费由公司支付，一定要保证网络的畅通，在保护员工安全的情况下，也要保证公司客户的利益不受损害。

(3) 一个星期之后，员工们可以根据自身情况陆续返回公司岗位。

可以说，马云的这一套应急方案是非常有效的，在避免了员工的恐慌和保证员工安全的情况下，还没有让阿里巴巴的正常运营受到影响。更为重要的是，马云在面临突发危机时所表现出来的镇定自若，更是堪称有大将之风。

那么，对于普通的企业管理者来说，该怎么做才能够让自己在危机面前保持镇定自若呢？

(1) 遇到紧急情况，先让自己平静下来。

很多的企业管理者在遇到紧急情况之时，马上就会慌张起来。其实，这个时候慌张根本解决不了大问题，你只有告诉自己冷静下来，才能做出最准确的反应。当然，危急之时要平静下来，这本身就不是一件容易的事情。所以，你平时就应该多进行这方面的训练，比如模拟突发状况的出现，这样反复训练之后，你一定不会在危急时刻表现得手足无措，满脸焦急了。

(2) 遇到紧急情况，先让自己微笑一下。

遇到紧急情况的时候，一定要先让自己微笑一下。也许，这个时候你根本都笑不出来，但是你也不妨假装出一个微笑。当你能保持一个傻傻的微笑时，急躁的情绪就很难再留在你身上了。

(3) 做好应急预案，紧急时刻就能保持镇定自若的心态。

应急预案在应急系统中起着关键作用，它明确了在突发事故发生之前、发生过程中以及刚刚结束之后，谁负责做什么、何时做，以及相应的策略和资源准备等。它是针对可能发生的重大事故及其影响和后果的严重程度，为应急准备和应急响应的各个方面所预先做出的详细安排，是开展及时、有序和有效的事故应急救援工作的行动指南。所以，只要你平日里做好了应急预案，那么在紧急情况发生之时，你肯定会保持镇定自若的良好心态。

【智慧点评】

那些在巨大困难之后幸存的人，不是完全靠着幸运活下来的，其中主要靠勇敢和镇定的力量支撑着他们。同理，我们在经营企业的过程中，就必须镇定自若，不管遇到多大的困难与挑战，都要冷静下来后勇敢地去面对，而不是着急忙慌地去匆忙应对——你若镇定自若，困难自会离你而去！

3. 自信十足，你才可能超越一切对手

你若想成为一名出色的商业领袖，那么你就必须是一个十分自信的人——自信十足，你才有可能超过一切对手，成为一名受员工尊敬和信服的企业管理者。说自己自信很简单，但是要让自己成为一个真正自信的人，则是一件非常不容易的事情，有时候你必须拿出实际行动才能够证明自己是一个很自信的人。

20世纪20年代之前，国际地理学界一直都认为中国是一个没有第四纪冰川的国家，是一个不折不扣的“贫油国”。但是，年轻的中国地质学家李四光却不这么认为，在他看来：外国的专家们都没有对中国进行过实际勘探，怎么就能够肯定地得出中国是个“贫油国”的结论呢？当李四光提出他的质疑之时，很多崇信外国专家的人也对他提出了质疑：你难道比外国专家们还厉害吗？

对于别人的质疑，李四光并没有放弃自己的观点，而是很自信地表示，自己一定会让中国摘掉“贫油国”的帽子。1921年，李四光亲自到河北太行山东麓进行地质考察，1933—1934年又到长江中下游的庐山、九华山、天目山、黄山进行考察，然后写出论文，论证华北和长江流域普遍存在第四纪冰川。1939年，他又在世界地质学会发表《中国震旦纪冰川》一文，用大量实证肯定中国冰川遗迹的存在，中国不是“贫油国”。可以说，李四光的成功不仅仅是一种努力的成果，更是一种自信与坚持所凝结出的结晶。

百度创始人李彦宏在清华大学演讲的时候说：“百度面对谷歌一度很自卑，但是我们最终还是挺了过来，因为我们不甘心在自卑中倒下。”

2004年，当百度面对谷歌的强大攻击之时，从李彦宏等高层到普通员工，大家的心理压力都非常大。当时，几乎是谷歌一有新动作，百度的全体成员就感到压力倍增。一次，谷歌又发布了一项新技术，百度的一名工程师马上跑到李彦宏面前，问李彦宏看到了没有。当李彦宏回答他看到了之后，这位工程师突然一脸沮丧地对他说：“加上兼职、前台才二十来人，我们绝对无法和强大的谷歌进行竞争。”

这件事情对于李彦宏的触动是非常大的，李彦宏觉得百度需要创新技术，需要新的产品，需要竞争力，但是现在百度最需要的是自信，因为只有自信才能够在创新道路上走得更远。

李彦宏从CEO的位置上退下来做一名产品经理，开始实施超越谷歌的“闪电计划”，即用“百度最强的地方攻击谷歌最弱的地方”，帮助员工们重新找回自信。结果是，百度在李彦宏的带领下以一年200%的搜索量的增长速度在发展，而老对手谷歌在中国的增长速度每一年仅有50%，百度成功地超越了竞争对手。

从李彦宏的事迹中我们可以看到：

(1) 作为一名企业管理者，就必须自信，绝对不能自卑，因为自信的人最有魅力。

什么样的企业管理者带出什么样的员工。一个不够自信的企业管理者，肯定会带出一群很自卑的员工。所以，作为一名企业管理者，就必须自信，绝对不能自卑。

(2) 做一名足够自信的企业管理者，关键就是要让自己相信自己会成功。

即使你的公司实力再小，你也应该相信自己会把公司做大做强。只有这样，你才会成为一个出色的公司带头人，带领员工们去创造辉煌。

【智慧点评】

李彦宏表示："多年来坚持做一件事情，并且跟着公司不断成长，最根本的原因，还是自己心目当中的一个理想，想把一件事情做成。"对于每一位企业管理者来说，要想让公司摘掉"自卑者"的帽子收获自信、收获丰硕的利润成果，那么就必须坚持梦想，倾尽全力去做好每一件事情。

4. 强势霸气，方显领袖之风

古语说得好："人善被人欺，马善被人骑。"作为一名企业管理者，如果不够强势霸气，那么就无法震慑对手，更无法令员工敬服。可以说，在一家企业里，管理者如果足够强势霸气，就会让那些偷奸耍滑的员工不敢太造次，也会令那些总是对自己有异议的内部对手不敢随意挑衅。更为重要的是，强势霸气是商业领袖身上的一种特质，是他们攀上成功最巅峰的有力武器。所以，对于任何一位希望成为商业领袖的企业管理者而言，都应该苦练内功，时刻自信，让自己始终保持强势霸气的作风。

著名商业领袖郭台铭一直是一个强势霸气的领导人，他曾说：“我不是凶，而是保持企业中分辨是非对错的工作价值观，每个干部都要有负责任的任事态度。”在富士康的发展历程中，郭台铭的强势霸气一直是其扬帆远航的重要保护力。

23岁那年，不甘心在航运公司做一名普通业务员的郭台铭与朋友走上了创业之路。他们合伙开了一家塑料公司，主要生产黑白电视机选台按钮、连接器、机壳等。从创业伊始，郭台铭就十分的强势霸气，在与竞争对手的竞争过程中，总是能够争取到足够多的订单。在创业12年之后，就成功在美国创立了分公司，并创出如今家喻户晓的“FOXCONN”品牌。进入新世纪之后，他更是与乔布斯的苹果公司展开了巨额的订单合作，现在几乎市面上八成的苹果产品都是富士康制造的——苹果产品的热销也让富士康的业绩翻了100倍。因此有人说：“如果没有郭台铭和他的富士康，就没有乔布斯和苹果公司的今天。”

所以，对于那些一直梦想成为商业领袖的普通企业管理者来说，就必须向郭台铭学习，让自己一直保持强势霸气的一面——一头狮子带领一群羊能打败一只羊带领的一群狮子。

任何时候，每个人的主观感受和需要都不相同，看问题的角度也不相同，因此相互之间的意见也是不同的。所以，企业管理者想要在员工面前面面俱到是不可能的，那么要想让员工服从，就必须有“刚”的一面，即强势霸气。因此，在公司的经营过程中，企业管理者应该坚持发展目标，做自己应该做的事，不被他人的意见所拖延。首先，用行动而不是语言去说服人。一个人的行动，胜过千百万句深思熟虑的言辞。与其苦口婆心地向他人解释你的意图，不如赶快行动起来达成自己的目标。行动的力量，胜于一切。其次，坚持原则是成功企业管理者的可贵品质。面对各种无理要求，始终坚守底线，不为了个别人而放弃标准，是做人做事的法则。

在商业世界里，无论在谈判桌上还是在市场细分领域，一个企业管理者要敢于说狠话，争取我方的利益。这样会彰显出一股霸气，这是经商必备的基本素养。企业管理者在关键时刻的几句狠话，既能表明立场，又能起到一定的威慑作用。当然，在这个过程中应该提防“黑白脸攻势”——黑脸、白脸是最常见的谈判伎俩。在维护我方利益的时候，务必站稳立场，表现出应有的韧性和狠劲儿，不要被这种黑白攻势所吓倒。另外，给出你的最后通牒。在谈判中，最后通牒可以给对方造成一定压力，从而让其让步，但是这不是谈判的终点，需要更认真地做好利益划分。最后，不可轻易放走客户。当客户表示没有经费，多半并非故作姿态。此时正是在价格上让步，好让对方无法拒绝的良机。任何时候都要努力抓住客户，不轻易放手。生意场上，博取的是利益。企业管理者代表的是公司，所以紧要时刻必须站出来说狠话，不需要回避，该宣传时无须躲闪，该夸下海口的时候请出口。

【智慧点评】

成功需要强势霸气，但是再大的人物，如果没有去行动，也无法用强势霸气四个字去赢得成功。那些有本事的商业领袖，并非天生就有能力，只不过他们在保持强势霸气的同时，更善于行动，更敢于用执行让梦想成真。因此，光有强势霸气的作风并不能成就事业，要想取得成功，必须立即做出决定，马上行动。

5. 当机立断，在问题面前决不犹豫

渑池道中，有车载瓦瓮，塞于路。属天寒，冰雪峻滑，进退不得。日向暮，官私客旅群队，铃铎数千，罗拥在后，无可奈何。有客刘颇者，扬鞭而至，问曰："车中瓮值几钱？"答曰："七八千。"颇遂开囊取缣，立偿之。命僮仆登车，断其结络，悉推瓮于崖下。须臾，车轻得进，群噪而前。

——唐·李肇

上面这段话的译文是：在渑池的道路上，有一辆车载着瓦罐，堵住了狭窄的道路。当时正值天气寒冷，路上覆盖着冰雪，山路险峻、湿滑，进退不

能。时间接近晚上，行路的官员和商客成群结队，有数千车马挤在后面，没有办法行进。有一个叫刘颇的商客，挥着马鞭骑马赶来，问道：“车上的瓦罐值多少钱?”回答说：“大约值七八千。”于是刘颇打开行囊取出细绢，立即偿还给那个人。又命令童仆登上车子，弄断捆绑瓦罐的绳子，把瓦罐全推下山崖。一会儿，车变轻后就能够前行了，大家也欢呼着前进了。

这个典故的主要思想就是阐述了当机立断的道理——如果刘颇不能当机立断的话，那么这群人不知道要被“堵车”堵到何时。而在企业管理中，评判一个管理者是不是合格，在急情面前能不能当机立断也成了一项重要的考核标准。

从前，有一个富商的儿子，是个非常喜欢小动物的可爱小孩。一天，这个小孩出去玩耍，走过家门口的大树的时候，看见一只受伤的小麻雀正躺在地上，耷拉着小脑袋，一副可怜兮兮的样子。小男孩看到这一幕后，同情之心油然而生，想马上将小麻雀抱回家去养。可是，他又害怕母亲不允许，于是站在小麻雀前犹豫了起来，自己到底该不该将小麻雀带回家。然而，就在他犹豫不决的时候，突然一只花猫从墙角窜了出来，一口叼起小麻雀就跑了……看着花猫快速远去的背影，小男孩站在那里大哭了起来，后悔自己没有当机立断，导致小麻雀命丧花猫之口。

德国伟大诗人歌德有句富有哲理的诗：“长久地迟疑不决的人，常常找不到最好的答案。”英国哲学家约翰·洛克则说：“一个理性的动物，就应该有充分的果断和勇气，凡是自己应做的事，不应害怕有危险退缩；当他遇到突发的或可怖的事情，也不应因恐怖而心里慌张，身体发抖，以致不能行动，或者跑开来去躲避。”毫无疑问，当机立断是任何一个商业领袖所必须具备的基本素质之一。

在当前这个复杂多变的时代里，任何一家企业都面临着异常激烈的竞争，根本容不得企业管理者有半点的犹豫——当你犹豫的时候，机会就可能成了别人的机会；当你举棋不定的时候，订单就可能成了别人的订单。正如老话儿说的那样：“机不可失，时不再来。”

在企业管理的过程中，一些管理者总是优柔寡断，思想保守，遇到问题不想着怎么去解决，总是想着如何逃避责任，结果失去了解决问题的最佳时间，从而让企业遭受了更大的损失。还有一些企业管理者，在管理的过程中总是拖泥带水，很多事情表面上看是及时处理了，可是仔细看却处理得不到位，为企业的未来发展埋下了巨大的隐患。所以，对于企业管理者来说，做事情不但要当机立断，还不能拖泥带水，要彻底地将问题解决掉，不为企业的未来发展埋下定时炸弹。

【智慧点评】

当企业管理者在经营过程中遇到问题时，就应该及时弄清楚问题的根源，有问题要做到立即处理，绝不拖延。众所周知，在企业管理活动中，往往会遇到反复出现的问题或困难境况。如果企业管理者总是讳疾忌医或拖延了事，一直积压下来，那么就必然会给企业经营造成巨大的困难，甚至使企业的生产经营活动无法正常进行下去，让企业陷入生死存亡的境地。所以，对于每一名企业管理者来说，在管理过程中出现的每一个问题，都不应该回避，而应及时抓住苗头，及时调查，追根溯源，找出解决问题的办法，从而让企业基业长青。

6. 不服输，在遇到挫败时努力扭转局面

世界著名军事家拿破仑说：“人生的光荣，不在永不失败，而在于能够屡败屡战。”商场如战场，每一个身处这个巨大的角斗场的人，都必须具有不服输的精神。因此，每一位企业管理者就必须明白：你要想成为商场上的领袖，那就必须屡败屡战，在遇到挫折时要努力去扭转局面，而不是选择默默地放弃，让自己成为一名被失败彻底打败的商海弃儿。

在当前这个互联网经济时代，很多的互联网企业时刻都面临着死亡，因为每天都有无数的对手从互联网的各个角落里站出来。因此，很多我们非常崇拜的互联网商业领袖也经历过很多的失败，不过他们在历经大浪之后却依

然屹立在时代的潮头——他们之所以没有成为时代浪潮下的牺牲品，一个很重要的原因就是他们拥有不服输的精神。

离开金山后，我就基本想明白了，所以我觉得我的人生升华了。但我已经四十多岁了，这也是很痛苦的一件事情，要是我 20 岁就明白这些道理该有多好。所以我想，要是我 22 岁刚加入金山时就明白这些东西，我会强大得一塌糊涂。但后来想，我们不应该后悔，我们已经获得了比大多数人都要多的东西，我们应该很庆幸。

大家一定要理解我对金山的感情有多深，因为在之前我从来没有想过我要离开，我不是想通了才离开，我是真的下了很大的决心，这是一个很痛苦的过程。

这种痛苦维持了半年吧。我跟他们开了一个玩笑，我说我终于理解什么叫退休老干部了。退休老干部真的很难过，很多领导退休以后都很不适应，我觉得我已经不适应了半年。那半年没有任何人要采访我，当我有空的时候，也没有一个人请我参加什么会议，这真的是很残酷。

我在位子上的时候，虽然金山没有特别牛，但求我的人一把一把的，而我从金山辞职后，没有人要采访我，也没有人要求我参加什么会议，你被整个世界遗忘了，这个世界真的很现实。这时候你就知道金山的哪些员工是拍你马屁的，哪些是衷心追随的。

那半年，世态炎凉，全看懂了。原来你觉得有很多人追随你，跟你从南打到北，今天你知道哪些人不是了，但你也觉得没关系了。今天我回来出任金山董事长，其实我也是不太在意的，因为你不能要求别人怎么样。但你知道哪些人是拍你马屁的，哪些人是怎么样的，你心里清清楚楚的。因为我经历过了，所以我也看淡了，不在乎这些东西了，我也适应了。这就是一个名利场，不要看得太重，太在意。

……

我自身的问题就是不服输。

离开金山对我是一次重创，心理上的创伤可能超过了大家的想象。你想，这个人很努力，很勤奋，带着一帮跟他一样努力、勤奋而且聪明的人，打了这么多年的江山，整成这个样子，到头来自己却要离开，他肯定不服气啊。你要觉得我没努力，我觉得我非常努力；你要觉得我没运气，我也觉得二十多年来，这么多的机会，最后都没捞着。为什么？问题肯定出在我自己身上，不怨党，不怨社会，一定是我自身有问题。那我自身的问题是什么呢？我自身的问题是不服输啊。

为什么要扛呢？退一步海阔天空，就全部通透了。这几年我如果继续管金山，就很难有今天的这个进步。因为天天在金山的事务里面，今年我们要增长20%，明年要再增长20%，那就不会有小米了。一年增长20%跟十倍的增长是不一样的，也许到明年年底，你就知道小米第一年的销售额可能是个天文数字了，我们现在一个月的销售额就已经有五六亿元了。

我觉得我们每天都在挑战之中，因为我们公司成立才一年半的时间，还没有定型，只能说第一小步迈得还不错。我觉得未来还有很多的未知数，所以每天都是一个巨大的挑战。但是，另外一方面，我又很快乐，这一年半来，绝大部分时候都很快乐。你在干你喜欢的事情，就不会觉得累，虽然你也觉得有些时候折磨人，但总体是非常愉快的一个过程。

——摘自《雷军：我的问题就是不服输》一文

雷军，这是一个足够让很多创业者顶礼膜拜的名字——他是中国这片热土上近些年来涌现出的最厉害的互联网创业者之一，他一手缔造的小米系列产品已经成了现在无数追求时尚科技潮流的年轻人的最爱。不过，从上面的这段摘取文字中我们依然可以看出，雷军的成功并不仅仅像外界所说的那样站在了“互联网的风口上”，不服输的精神也是他取得如此辉煌成就的根本原因之一。

著名商业领袖、“留学教父”俞敏洪曾经说过：“能够到达金字塔顶端的只有两种动物，一是雄鹰，靠自己的天赋和翅膀飞了上去，另外一种动物，也到了金字塔顶端，那就是蜗牛。我相信蜗牛绝对不会一帆风顺地爬上去，一定会掉下来，再爬，掉下来，再爬。但是，蜗牛只要爬上了金字塔顶端，它眼中所看到的世界，它收获的成就，跟雄鹰是一模一样的。所以生命的起点由不得自己选择，但是生命的终点由自己决定。”俞敏洪口中的蜗牛为什么也会站在金字塔的顶端，同样是因为不服输的精神。

所以，我们要想成为屹立在时代潮头的商业领袖，除了有着非常了不起的创业计划和资本支持外，还必须拥有不服输的精神——只要你永不服输，就永远都有机会；只要你放弃一次，可能就永远错过了成功。

【智慧点评】

在当前这个全球经济都处于寒冷冬日的情况下，企业发展环境与之前比产生了根本性变化，因此这就需要企业管理者们能够顺应形势，在应对环境变化的过程中敢打敢拼、永不服输，带领企业在激烈的市场竞争中找到新的突破口，从而让企业在逆境中实现新的发展。另外，企业管理者们也必须时刻谨记：不做则已，要做就要做世界一流。

7. 商业领袖只争气，不生气

俗语有云：“善人不怨人，怨人是恶人。贤人不生气，生气是愚人。富人不占便宜，占便宜是贫人。贵人不耍脾气，耍脾气是罪人。”生气不如争气。愚蠢的人只会生气，聪明的人懂得去争取。人生中，处处皆有“气”，事事都有“气”。没有“气”的人生，那不是生活，是幻想中的“乌托邦”。人生不如意之事十有八九，学着不生气，就是人生的另一个境界。生气，伤身又伤心，伤人又伤己。学着不生气、少生气，是一种成熟，也是一种智慧。

同样，对于每一个立志于成为传奇商业领袖的普通企业管理者而言，也应该学会“只争气，不生气”。很多的企业管理者在创业的过程中，一旦遇到不顺心的时候就会暴跳如雷、火冒三丈，结果不但让自己的身体受影响，还使得事态的发展更为严峻。

事实上，最能够让企业管理者生气的人莫过于合作者——合作者往往也是利益的争夺者。而有些企业管理者的心胸比较狭隘，有时候与合作伙伴发生一点利益上的摩擦，马上就开始生气，结果搞得双方不欢而散，最终让“肥水”流入了竞争对手的手里。所以，对于这类企业管理者来说，在生气的时候，不妨看看马云是怎么说的。

马云曾说过这样一段话：“2014 年网上流行一句‘今日你看我不起，他日你高攀不起’，据说这句话是我在纽约阿里巴巴上市的时候说的‘名句’。我还真信了，查了自己的讲话记录，就是没有发现这‘名句’！这句看似很豪很爽的‘名句’，其实是有比较狭隘的臆想情节在里面，纯属自娱自乐的想象。人生事业起步，别人看不上你，别人不帮你，这非常正常！别人凭什么要帮你？而别人在没有了解清楚你的情况下帮助你，这才是不正常的！因此，别人不帮你忙，千万别生气，因为这很正常！但别人帮了你，那就是你的运气和福气！要毫无理由的珍惜和感恩。没有一个人的事业是靠别人帮助帮出来的，而一个人的事业没有人帮助也不可能会成功，因为那说明他做人有问题！”

另外，相对于很多一听说员工另谋高就就十分生气的企业管理者而言，马云可谓是宰相肚里能撑船。马云曾经打趣地把离职员工比作“敌前、敌后的 5 万外援”，“即使你今天加入腾讯、百度、京东等任何竞争对手，阿里对你不会有任何生气，只希望你把阿里‘让天下没有难做的生意’的使命感带过去。我不相信你去了那边会破坏阿里的生态系统，我们要有这个气度。”

那么，对于企业管理者们而言，自己该怎么做，才能够只争气而不生气呢？

（1）没有理解自己奋斗的本质，事业是一种追求，但人生的本质是过美好的生活。

关于这个观点，马云是这样解释的：“当董事局主席比 CEO 的压力还大。我有个理想，希望不做董事局主席、不在公司内部上班，我不希望 60 岁了还在开董事会。因为这会给中国很多企业树坏的榜样。创业的目的是给家人、自己、朋友良好的生活，如果 60 岁了我可以钓鱼、晒太阳、听音乐、去酒吧，这样大家才会喜欢创业。”所以，对于企业管理者们来说，关键就是要明白自己努力奋斗的本质是什么——你奋斗的目的一定是为了实现自己的人生价值，而不是去生气，所以你必须争气。

(2) 保持简单快乐的工作态度，如果工作只是让你生气，那你为什么要从事这份工作呢？

马云曾说过这样一个真实的故事："在阿拉斯加一个机场休息加油，在小小简朴的休息室里看见夜班服务员詹妮弗，短短的十几分钟内听她和我同事讨论了人类基因和疾病的关系，对大气变暖的独特看法，地球公转和自转的关系。我在边上对她的谈吐、学识目瞪口呆，很好奇地问起她的背景。她是来自美国南部的一个基因学科学家，会开直升机，今年 50 多岁，有三个孩子，因为丈夫工作调动而跟随他来到寒冷的北极小镇工作。她说她在这个小客户站已经工作了 9 个月了，她笑眯眯地说：'我喜欢这份工作因为不用太动脑子，简单而快乐。'工作的快乐来自于自己的心态。总有人能在自己重复乏味的工作里找到快乐，而很多人即使工作再有重大意义和乐趣，他们总看到的却是不满意。好工作不是找到的，而是在工作中发现的。"试想一下，如果你每天都在暴躁的情绪中度过，那么你的事业能更上一层楼吗？答案一定是否定的。所以，你要想成为一名只争气而不生气的企业管理者，那你就必须保持简单快乐的工作态度。

【智慧点评】

有句话说得好："头等人，有本事，没脾气；二等人，有本事，有脾气；末等人，没本事，大脾气。"把脾气拿出来那是本能，把脾气收回去才叫本事！企业管理者也是人，是人就会有脾气，然而坏脾气对我们的恶劣影响是不言而喻的，如果任其发展，不仅会影响自己的身心健康，还会影响企业的发展前景。所以，我们要想由一名普通的企业管理者变成伟大的商业领袖，那就必须做到：只争气，不生气——面对挫折，如果只是一味地抱怨、生气，那么你注定永远是个弱者。

8. 出色的商业领袖必须掌握过硬的谈判技巧

美国前总统克林顿的首席谈判顾问罗杰·道森说："全世界赚钱最快的办法就是商务谈判!"事实上，那些出色的商业领袖基本上都是杰出的商务谈判高手。雷军在小米创始之初就和全球最著名的手机处理器供货商高通达成了战略合作，小米公司从"米 1"手机开始，一直能够拿到高通研发出来的全球顶级的手机处理器；杨元庆在成为联想集团的新一代掌门人之后，在谈判桌上取得了一连串的胜利，成功并购了日本 NEC 公司个人电脑业务、德国 Medion 公司、美国 Stoneware 公司、巴西 CCE 公司、IBMx86 服务器业务以及摩托罗拉移动业务等一系列投资并购项目，让联想在全球各关键市场快速发展，现如今，联想已经成为一家年营业额 463 亿美元、业务遍布全球 160 多个国家的国际化公司。

所以，对于那些立志成为一名出色商务领袖的普通企业管理者而言，就应该向雷军、杨元庆这些商界大佬学习，拥有一身过硬的谈判技巧，如此才能够让自己的企业获得更好的发展机遇。

提起美国通用汽车公司，很多人都知道它是全世界最大的汽车制造商之一。但是，你知道在通用企业的早期发展历程中，让他们利润率大大提升的方法是什么吗？答案是商务谈判。当时，通用汽车公司聘请了一位叫作洛佩兹的采购部经理。洛佩兹上任之后，干的第一件事情就是重新和零部件供应商们进行新一轮谈判。要知道，汽车的零部件可是非常多的，要和那么多的零部件供应商进行一次商务谈判，那得多耗费时间啊！可是，洛佩兹并没有畏惧，而是加班加点地去和那些零部件供应商们进行谈判，他对零部件供应商们说："我们通用汽车的销量越来越好，而且厂商的信用一直都是令大家满意的。现在，我们觉得你们应该重新评估和我们的合作了，假如你们还像过去一样不能够给出一个合理的价格的话，那么通用汽车将可能会更换新的零部件供应商。”结果，经过半年多的激烈交锋之后，洛佩兹获得了最终的胜利，他在半年的时间里为通用汽车公司节省下了20亿美元的采购费，大大提升了企业的利润率。

可以说，谈判是一种既高超又细腻的技巧，也是企业管理者个人智慧与经验的体现。因此，这种技巧的灵活运用与发挥固然依赖于长时间的经验与演练，但其基本要领的掌握也可通过解说而获得。下面将谈判的一般要领进行简单的介绍：

(1) 当你自认为处于上风时，谈判一开始你即狮子大开口，然后再略做退让，以便获得较大的好处。

(2) 当你自认居于下风时，谈判一开始即提出适当的要求，然后坚持这个要求，不轻易退让。

(3) 倘若你不明白对手的虚实，或者不了解谈判事务的真正价值，即先让对手提出适当建议。

(4) 应对自己做高度评价，因为自信心是最佳的议商力量。

(5) 应造就目标，不应造就自我。在谈判过程中，应将眼光拢在所追求的目标上，不应因个人情绪的牵挂而将注意力转移到与目标无关的事物上。

(6) 显示合作与友善的态度，以防谈判对手做出无理的回应。

(7) 对谈判对手的提议采取开放态度，但同时维持非承诺的原则。

(8) 在提出“不合情理的要求”时，应显示客气与坚定的态度，以便获得谈判对手较大幅度的退让。

(9) 假如你无法单独从谈判中获得利益，则设法与可获共同利益者联手或同盟。

(10) 切忌轻视谈判对手，在谈判之前应先设法了解他们的动机、心绪、态度、目标、强处、弱处以及道德感。

(11) 探索谈判对手的需要，不要假定他（们）的目标与你相同。

(12) 掩饰你的谈判策略以及谈判成败所可能引致的利益得失。

(13) 在谈判过程中一旦发觉已获得意想中的效果，则设法尽快结束谈判。

(14) 在重大的谈判开始之前，尽早以琐碎的事务与谈判对手交手，以测验其议商技能。

(15) 争取有利于自己的谈判环境，例如由自己主动提出谈判时间、地点、程序以及由自己布置谈判场所。

(16) 在谈判之前应深入演练防御性论点及攻击性论点，以避免遭受谈判对手的奇袭而束手无策。

(17) 万一在谈判中迷失了自己，则应立即要求对手澄清有关的一切，千万别让对方故意引导你步入歧途。

(18) 精心研究谈判对手是否拥有终极决策权。如对手并无终极决策权，则尽量逼其退让；如对手拥有终极决策权，则自己可以适当地退让。

(19) 应令自己的承诺显得肯定不移，但承诺的内容应属一般性，以自留修正之余地。

(20) 避免逼使谈判对手走上无回旋余地的死胡同。尽量引进新的办法或方向以使对手逐渐趋近你自己的目标。

(21) 设法使谈判对手所追求的目标显得无足轻重。

(22) 倘若谈判过程中所达到的若干协议对你有利，则要求立刻以书面载明该协议，以免口说无凭或对手变卦。

【智慧点评】

俗话说得好："脸皮厚，吃不够；脸皮薄，吃不着。"要想在谈判中获得最大的利益，那就必须做到脸厚心黑嘴巴狠。当然，你也不要逼得对方走投无路，总要留点余地，顾及对方的面子。所谓成功的谈判，应该是双方愉快地离开谈判桌。谈判的基本规则是没有哪一方是失败者，双方都是胜利者——只有做到双赢，你才能够赢得合作伙伴的尊重与信任，才能够让合作继续下去，反之，只能得来双输的结局。

9. 拥有过硬的宣传手段

要想成为一名令世人羡慕的商业领袖，那你就必须拥有过硬的宣传手段——你不但要懂得宣传自己，让自己成为企业的一张名片，还应该努力地去宣传企业，不惜一切代价让你的企业品牌进入商场的每一个角落，走进每一个消费者的心里。

中国有许多古语，比如“桃李不言，下自成蹊”“酒香不怕巷子深”等，它们都是我国传统经商思想的写照，大体意思是说只要产品的质量好，价格公道，即使不做广告，也会门庭若市。这些古语在某种程度上是对的，比如强调公司要在提高产品质量上下功夫。但是如果仅仅满足于货真价实，恐怕只能适应于小生产经济的社会，而不能适应商品经济的社会。在高度发达的市场经济社会中，“酒香也会怕巷子深”，产品质量再好，但人们不知道该产品或者不知道到哪儿去买，产品又怎么能够销售出去呢?

另外，在市场经济发达的社会中，商品越来越多，但随着科学技术的进步，产品之间的技术含量的差异日益缩小，所以在产品的性能、寿命、可靠性方面的指标，几乎都大同小异，产品形象或者说是公司的形象就会在消费者心目中起到至关重要的作用——公司要投入大量的费用进行公关宣传，努力使自己的企业形象不断美化，深深植根于消费者心中。

大量的事实证明，实行“王婆卖瓜”式的自我宣传，就会在企业和消费者之间建立起一种信任感，无形之中就会拉近顾客和企业的距离。相反，如果我们不去大张旗鼓地宣传自己的产品，不去千方百计地把产品推向市场，介绍给广大顾客，到头来只能是闭门造车，最终只会被市场经济的海洋所淘汰。

宣传是重要的，但要以自己良好的信誉、质量和服务作为后盾。怎么宣传就怎么去做。宣传只是一种手段，我们的目的是吸引顾客，吸引消费者。

那种“好酒不怕巷子深”的传统思想在今天竞争越来越激烈的市场经济中已经受到了严重的冲击。君不见，越是好酒，就越是要“王婆卖瓜”夸一番，为自己迅速赢得市场打好头一战。

那么，企业管理者在进行宣传的时候有哪些要注意的地方呢？

(1) 广告不能粗制滥造，一定要精益求精。

有关资料表明：美国公司每年要花 1021 亿美元做广告，人均广告费 424 美元。当代市场竞争的关键，不在于公司能生产多少产品，而在于公司能赢得多少公众。如果公司只注重有形的产品本身，而不注重通过广告做形象传播，就会逐渐失去自己的公众群，导致公司的衰落。广告本来是公司经营活动的内容之一，是一种正常的宣传与促销手段。但近年来，由于广告业的混乱，以及某些广告内容的粗制滥造，引起了社会的抨击及责难。所以，企业管理者一定要严格把控广告质量，千万不能粗制滥造。

(2) 宣传之时一定要做好品牌定位。

品牌定位，就是公司根据消费者对某种产品的重视和偏爱等心理，给自己的产品规定一定的市场地位，培养一定的产品特色，树立产品的市场形象，以满足消费者对产品的需求和偏爱。“位”定得好，就可能使产品成为名牌，获得成功，否则就可能导致失败。品牌定位取决于公司、产品和消费者三个方面。在定位过程中要处理好这三方面的关系，要搞好产品创新、产品形象的培养和树立，在产品结构、造型、款式、花色、形态、体积、质量、价格、包装、服务等诸方面塑造产品形象，恰当地估计消费者对产品的需求、重视和偏爱程度，准确地定出产品的市场地位。

(3) 宣传必须真诚，不能欺骗消费者。

企业推广宣传必须是自然的、亲切的、发自内心的，而不能是虚情假意和矫揉造作的，更不能把自己的意愿强加于消费者，强买强卖式的“服务”只能倒了消费者的胃口，反而会毁了公司的品牌。另外，企业推广宣传必须拉近与消费者的距离，时时、处处以消费者的喜好而转移。成功的品牌总是能牢牢地把握消费者，引导他们认知品牌、购买产品，设身处地关心他们的需求，建立情感的纽带，促使他们做忠诚的消费者。

【智慧点评】

中国传统的道德观不赞成宣传，尤其是不赞成自吹自擂，认为是不谦虚、不实际的表现，有哗众取宠之心而无实事求是之意。然而，大量的事实证明，强大的自我宣传推广能力在经商过程中，对促进生意的红火有时会起到至关重要的作用。所以，对于大多数企业管理者来说，哪怕我们经营的只是一家小公司，也很有必要做好宣传工作。试想，如果你不像王婆那样夸一夸自己的瓜，又有谁会知道还有这样的一家小公司存在呢?又怎么能够赚到钱呢？所以，一定要时刻谨记：再好的酒，也害怕巷子深。

10. 诚实守信是商业领袖身上最显眼的标签

“诚信”是经理人的必备素质，是商人安身立命之本，其中“诚”指真诚、诚实。诚实意味着交易时要据实以告，“好歹莫瞒”，注重诚实；如果建立在谎言的基础上，“昧之不言”，希望侥幸达成交易，以此获利，那么到头来恐怕聪明反被聪明误，会失去更多的利益。只有基于诚实与利益公平的原则上的商业交往，关系才能长久稳固。

“诚实”是维持良好商誉的关键因素。人们常说“买卖不成情义在”，情义的建立与维持，一个“诚”字尤为重要。对交易对方要开诚布公，坦诚相待，才能赢得对方的信任与长期的支持，即使一时不能达成交易，眼前一些既得利益受到损失，可在长期经营中一定会得到更大的回报。

也许有人认为，诚实会令生意受损，如果将货物的缺点完全据实以告，对方会因此而拒绝交易。所以，一些“精明”的经营者在做生意时，往往隐瞒己方货物的不足以次充好，甚至会采取一些欺诈的手段以假充真，从而使他人受损而自己获利。

这些看似“精明”的商人其实很愚蠢，他们对于经商之道理解得很肤浅，他们虽得到一时之利，却失去了长久之利，因为他们忽略了一个非常重要的资产——商誉。

福耀集团董事局主席曹德旺曾在谈到乔布斯时说道："我个人认为，乔布斯是企业家，因为企业家是一种精神，一种境界，他必须具备高尚的品德。另外，他必须有信仰，做任何事情讲道德，讲诚信，而且不断地追求完美，从小做大，把自己贡献给这个世界。通过市场交换获取利润，这是企业家做的事情。我们中国，凡是会做生意的就叫企业家，这不对，企业家跟部队打仗一样，没有带领士兵打过仗的军官不能叫作将军，企业家必须是从无到有，从小到大，诚信经营，恪守承诺，各方面挑战极限，他必须要具备专才、诚实、守诺、执行力，还有勇气。"

改革开放三十余年后的今天，随着市场经济的蓬勃发展，人们的价值观念发生了巨大的变化，人们注重实际，讲求效益，挣脱了过去"重精神、轻物质"的束缚，这是社会的一大进步。但另一方面，信义这一中华民族优良的传统道德观念，却在有些人的心中日益剥蚀和淡化。于是，背信弃义、尔虞我诈、欺世盗名便乘虚而入。

在如今市场经济的竞争中，商家的讲信誉、重承诺尤为重要。言而无信、追逐金钱、坑骗顾客的公司可能会得一时之逞，但终究不会长久立足。真正有眼光、有胸怀、有志气的老板，必须要贯彻信誉至上的伦理原则，树立公司自身良好的道德形象，这才是一个真正老板的作为。

著名商业领袖张果喜在开拓日本市场时，善待盟友和对手，很快他便成了日本佛龛市场的领军人物。起初，他的产品是通过日本代理商进入日本市场的。当他取得了一定市场份额之后，聪明的日本商人为了降低进货成本，撇开代理商这一环节，直接找到了张果喜，要求订货。

"这怎么行呢?"张果喜果断地说。

"为什么不?我们可以出较高的价钱嘛。"日本商人说。

"不行!"张果喜十分冷静地说，"我已经同你们的日本代理商建立了长期合作关系，我不能因为你的报价较高而断了他们的财路，懂吗?"

在商界，有一种盟友式的合作，他们着眼于长远利益，广交朋友，不为蝇头小利而损人利己，木雕大王张果喜的做法堪称典范。张果喜拒绝那个日本商人的高价时，或许有人会问：天下竟有这样傻的人?送上门来的钱都不要?日本商人甚至也大为不解，满腹狐疑地看着张果喜。张果喜说："你们不会不明白，中国有句俗话说：有饭大家吃，有钱大家赚，你好我好，天长地久，我不想吃独食啊。"为了维护同日本代理商的朋友关系，张果喜毅然拒绝了日本商人直接送货的要求。

日本代理商得知这件事后，对张果喜的富有人情味的做法十分欣赏，竖起大拇指称赞他有王者风范，而且，为了感谢张果喜的"义气"，下大力气去推销商品，结果，张果喜不但没有少赚钱，在日本的名声反而更加响亮了。

在商界，为了盟友的利益而牺牲自己的眼前利益的人实在不多，只有像张果喜这样富有王者风范的人，才能权衡利弊，周密思考，宁肯放弃自己的部分眼前利益而保持与盟友的良好合作，最终，赢家还是他自己。

善于做生意的企业管理者从不急功近利，从不见利忘义，而是目光长远，善待盟友，诚实守信，拥有开阔的视野和博大的胸襟，更加有助于他们成为同行业的领袖人物。

【智慧点评】

希望集团董事长刘永好说："一个成功的企业管理者，最重要的是心态要好。一个公司的开始意味着一个良好的信誉的开始，有了信誉，自然就会有财路，这是必须具备的商业道德，就像做人一样，忠诚、有义气。对于自己说出的每一句话、做出的每一个承诺，一定要牢牢记在心里，并且一定要做到。"所以，我们要想成为一名在商海中拥有一定地位的商业领袖，那么我们就必须讲诚信。

副面孔
商业领袖的七
SHANGYE LINGXIU
DE QIFU MIANKONG

第四副　圈子面孔

关键不仅是你有多努力，而是你究竟认识谁

翻开一部部厚重的世界商业史，你一定会惊奇地发现：无论是在讲究规则的西方世界中，还是在以人情世故为主要基调的东方社会中，那些叱咤商海的传奇商业领袖都有一个共同的特征——他们的成功除了努力奋斗之外，最关键的是他们认识谁。所谓“圈子对了，事儿就成了”，说的就是这个道理。但是，随着时代的变迁，我们又会惊奇地发现：在我们的奋斗过程中，你认识谁已经不再是关键了，关键是你在圈子里的地位。所以，我们要想成为一名传奇的商业领袖，就必须重视自己在圈子里的那张面孔——你的圈子面孔，决定你的江湖地位。

1. 圈子对了，一切就都好办

为什么，有些老板总是在废寝忘食中原地踏步数十年？

为什么，有些老板总是在闲庭信步中就可以扶摇直上九万里？

这一切，就如同树有根、水有源一样，最根本、最源头的问题就是“圈子”——成功的企业管理者抓住了圈子，所以他们站进了成功者的行列；失败的企业管理者忽视了圈子的力量，于是他们尝尽了失败的苦果。

你也许熟知比尔·盖茨的经商理念，但是你可能不知道他的母亲和IBM的董事埃克斯同是一家慈善机构的成员；你也许熟知巴菲特的很多传奇故事，但是你可能不知道他八岁那年去参观纽交所，是他身为国会议员的父亲带他去的，而接待者是高盛的一名董事；你也许熟知马云的每一个创业智慧，但是你可能不知道阿里巴巴在最为困难的时候得到过软银董事长孙正义的资助……

每一位成功的商业领袖背后，都有一群支持他们走向成功的成功者。成功学大师卡耐基在经过长期研究之后提出了这样一个影响世界的结论：“专业知识在一个人成功中所起的作用只占15%，而其余的85%则取决于他的人际关系。”

每一位成功的创业者的背后，都有一群支持他们走向成功的人，而最终能够取得多大的成功则取决于支持他们的人都身处什么样的圈子——同一批次、同一品质、同一厂家生产出了两个杯子，有一个最后摆上了王宫的宴会桌，另外一个则躺在了乡间小店的橱柜里，不是它们自身的差别有多大，而是接手它们的经销商是不同阶层的人。

同样，没有哪一位企业管理者能够随随便便取得成功，尤其是在注重人脉制胜的商场上，能进入什么样的圈子，得到什么阶层人士的支持，都决定了企业管理者在商场上的最终命运，因为人脉是承载企业发展的最大“引擎”——那些在商场中取得成功的企业管理者，他们一直都非常重视人脉，会提早搭建“人脉网”，因为越早搭建“人脉网”，就能够先竞争对手一步抓住关键人物、抓住商机、抓住成功。所以，在商场上一直流传着这样一句古老的“训言”：“只要你比对手早一步站进圈子里，你就为竞争对手关上了成功之门。”

【智慧点评】

张爱玲说：“出名要趁早！”同样，搭建“人脉圈”也应该趁早，趁早才能抓住人脉，晚了就只剩下别人留下的脚印。对于那些不重视人脉，或者重视人脉但是总是慢半拍的企业管理者而言，就应该马上做出改变——搭建“人脉圈”就一定要趁早，越早搭建就越早取得成功！

2. 小名片里藏着大人脉

一张不起眼的小名片，却是掘开你的“人脉金矿”的金钥匙！

很多人的桌子上、书架上、名片夹里都存放着好多的名片，可是他们却一直让这些名片沉睡。而那些叱咤商业江湖的大企业家、大老板们，却都懂得收集名片和从名片中挖掘出优质的人脉资源，从而让自己的圈子不断得到拓展。

张雨辰是一家创业公司的老板，之前做过网络运营和市场营销的他认识了不少的人，再加上家境也比较殷实，因此他决定开启自己的创业之旅。然而，等到张雨辰开了公司之后才发现，自己的人脉竟然那么有限，之前觉得自己认识了很多厉害的人物，可是每每到了关键时刻却不知道联系谁，到底谁能帮助自己。于是，张雨辰创业之初便将很大一部分精力花在了拓展人脉上。可是，一段时间过去了，请客吃饭、参加各种会议活动，钱是没有少花，精力也没有少搭，除了桌子上多了几沓名片之外，再也没有其他的收获。后来，张雨辰对于外出参加各种会议和活动也失去了兴趣，每天除了对着桌子上的名片发呆之外，就是斥责员工们不够努力，结果没多长时间，他的公司便倒闭了。

卢天琪是一家公司的项目经理助理，每一次出去和客户见面，都会认真地将客户的名片收集整理起来。因为他不是项目负责人，根本就没有和客户单独交流的机会，不过收集整理名片却能够让他获得更多的人脉资源信息。几年之后，卢天琪从这家公司跳槽了，与两个大学同学合伙开了一家公司，由于他之前在整理名片的过程中积累了大量的人脉资源信息，所以他们公司的业务从一开始就不错，项目越做越大。卢天琪将自己整理出来的人脉资源信息变成了一把金钥匙，一把帮助他们公司打进行业圈子的金钥匙。

张雨辰和卢天琪都是创业者，一个只会对着名片发呆，另一个却从名片中找到了很多有用的人脉信息，最终两人的发展结局也是截然相反的——对着名片发呆的张雨辰成了一名失败的创业者，而善于利用名片的卢天琪成了成功的创业者。

所以，对于那些让名片一直“沉睡”的企业管理者来说，最应该做的就是马上将“沉睡”的名片“唤醒”。那么，这些企业管理者们该怎么做，才能够将名片中的人脉资源开拓出来呢？

（1）将名片进行分类。

首先，将与自己所从事的行业密切相关的名片归纳在一起。其次，将与自己所从事的行业有一定关联的名片归纳在一起。再次，将未来可能对自己有所影响的名片归纳起来。最后，千万不要乱扔名片，也许这些你不重视的名片中，会有对你以后的发展产生重大影响的“贵人”出现。

（2）学会从名片了解对方。

也许你要去拜访一个从未谋面或者只见过一两次面的客户，对对方并不是特别的了解。那么，这个时候你就应该从认真研究对方的名片入手，从对方的职位头衔、电话区号、公司所在地址以及名片的设计风格等信息去判断对方主要是做什么的、对方的实力有多大等，这样就能够对对方有更为深入的了解。

(3) 善于使用电子名片。

在当前这个信息大爆炸的年代里，名片确实是多如牛毛，就连路边卖房子的、巷子口摆摊修马桶的都有了名片。那么如何保管和使用名片就成了一个难题。其实，解决这个难题的办法很简单，那就是使用电子名片，借用一些电子设备或者电脑软件、手机 APP 等工具，就能够制作出个人电子名片库，从而让我们在筛选人脉信息的时候更为方便和快捷。

【智慧点评】

名片，绝对是一个物有所值的实用型交际工具，它不仅有进行自我介绍和保持联络的作用，而且还有其他多种用途，比如说宣传品牌、建立销售渠道等重要作用。所以，对于每一名希望未来能够成为商业领袖的创业者而言，就应该及时、积极地重视名片的作用，善于利用名片去挖掘人脉信息，千万不要再让名片继续“沉睡”下去了——你的名片“沉睡”的时间越长，你的成功之路就越漫长；你的名片“沉睡”的时间越长，你距离失败的深渊就越近。

3. 告别单打独斗，提炼“人脉金矿”

俗话说：“一个篱笆打三个桩，一个好汉要三个帮。”在当前这个讲究团队取胜的年代，如果还有人希望依靠自己的力量，用单打独斗的方式在商海上闯出一番名头来，那无疑是一种唐吉诃德式的做法，结局只能是撞得头破血流，根本不会收获任何好的结果。所以，对于那些不喜欢“拉人脉，混圈子”的企业管理者来说，就应该一改往日的作风，迅速告别单打独斗的发展方式，通过各种方式融入朋友圈，提炼自己的“人脉金矿”。

事实上，丰富的人脉就如同一座藏满金银珍宝的宝库。任何一个能够敲开这座无形宝库之门的人，都能够取得巨额的财富和令人羡慕不已的荣耀——那些叱咤商海的商业领袖们早就认识到了这一点，所以他们组建了属于自己的人脉圈，最终在掌握了巨量财富的同时也创建出了一家优秀的大型企业；而那些平庸的企业管理者则没有认识到这一点，总是单枪匹马地去迎接商海中的每一次挑战，运气好一点的还能维持一家小公司的发展，运气差一点的连个小作坊都经营不下去。所以，比尔·盖茨曾说过这样一句足以令很多人警醒的话：“我之所以成功，是因为有更多的成功人士在为我工作。”

2013 年冬天，在美国留学五年的郑潇栋决定回国创业，因为他觉得自己是一个非常适合创业的人。早在美国留学的第三年，他就在芝加哥大学的校园内研发出一些不错的手机应用。他最成功的一次是帮助一家企业设计了一个不错的小网站，然后成功地赚到了 4 万美元。大学毕业后，很多美国的知名企业都给他发来了录用通知书，但是他思考了一番之后，还是决定回国创业——中国现在是世界上发展最快的国家，应该有很多的创业机会，而且自己这么优秀，一定会创业成功的。

郑潇栋回国后在北京租了一间小办公室开始了自己的创业之旅。而就在郑潇栋刚刚回国之际，他的高中好友王群琪也准备创业，于是王俊琪便邀请郑潇栋与他一起创业。可是，令王俊琪没有想到的是，郑潇栋竟然一口回绝了他的邀请。在郑潇栋看来，创业对他来说就是一场英雄的游戏，若多了一个人怎么能够体现他的价值？

租好办公室注册完公司之后，郑潇栋就招了几名员工正式开始创业了。郑潇栋的主营业务是开发手机 APP，他希望以最快的速度研发出一款能够过百万用户的产品。然而，由于郑潇栋一直在国外留学，国内的手机 APP 行业的发展状况他并不是很了解，除了行业报告和员工们的介绍之外，国内用户到底喜欢什么风格的手机 APP 他根本不知道。可是，郑潇栋却一点儿都不担心，他觉得自己掌握了足够出色的开发技术，而且又是从美国回来的，肯定比国内的同类开发者要厉害得多。

时间过得很快，转眼半年就过去了。可是，郑潇栋的公司却快开不下去了，因为员工们都开始不相信他了，觉得他这个人太自负，根本不是一个适合做老板创业的人。而郑潇栋呢？却觉得自己空有一身本事却使不出来，最主要的原因还是手下没有“强兵”，在他看来那几个员工的水平都太差了。就在公司快开不下去的时候，王俊琪却找上门来了，他再一次向郑潇栋发出邀请，并告诉他：“咱们还是联手吧，我知道你是技术开发高手，可是你不懂得混圈子，总是希望单打独斗当超人、当大侠，我觉得你还是先跟我把这个圈子混熟了再说吧，你要是还想继续坚持也行，但你也不妨跟我先试一下嘛。”

无奈之下，一直都很高傲的郑潇栋只好接受了王俊琪的邀请，他们开始合伙创业。令郑潇栋没有想到的是，自己的这次无奈的选择却迎来了一次不错的发展机会。和王俊琪合伙创业之后，身边志同道合的朋友越来越多，他不但对国内的市场有了十分深入的了解，招募到了几个很满意的员工。更为重要的是，他们的手机 APP 开发出了雏形之后，就得到了一笔超过百万美元的投资……现如今，郑潇栋和王俊琪的开发团队已经走上了发展的快车道，他们研发出的几款手游已经赚到了数千万的广告分成，其团队也越来越大。更值得一提的是，郑潇栋已经不再是刚刚回国创业之际的郑潇栋了，现在的他喜欢与人交流，喜欢参加各种各样的行业活动，在努力研发产品的同时，也更加注重人脉的积累。

从上面的案例中我们可以看出：对于每一个企业管理者来说，不懂行业只做产品的做法无疑就是闭门造车。而且，在做产品的过程中不注意积累人脉，那又怎么能够将产品推广出去呢？所以，你要想成为一名出色的企业管理者，就必须懂得“混圈子”的重要性，而不是再继续单打独斗下去。

【智慧点评】

每一个当红的娱乐明星背后都有一个实力雄厚的大经纪公司进行包装运作，每一个站上人生辉煌之巅的企业管理者都有一个伟大的团队在支持他……单打独斗的心态往往是引爆失败的导火索，而这种心态产生的结果大多数是既害人又害己。要知道，一个人在商场拼搏，就如同一滴水滴进了大海之中，实在是微不足道，所以我们就必须积极地积累人脉，抛弃单打独斗的心态，融入社会、依靠人脉的力量不懈奋斗，最终才能够做成生意、赚得大钱。

4. 长一双慧眼，千万别掉进圈套

你一定要记得，你需要的是圈子，而不是圈套。

在当前这个物欲横流的竞争社会中，很多人都开始放弃做人的原则，专门做“杀熟”的勾当，让你满心欢喜的以为自己在进入一个交际圈子的时候，等来的却是一个圈套。所以，对于企业管理者们来说，就一定要非常小心，不管多熟的朋友都应该保留一份防备之心，且不可落入别人的圈套。

2015 年春天的北京比往年要寒冷一些，而张晓明的心却比这料峭的天气还要寒冷，他怎么也想不通，与自己深交近两年的“龙哥”，竟然会成为那个让他人生一百八十度大转弯的人……

2013 年上半年的一次朋友聚会中，张晓明与龙哥相识。在认识龙哥的时候，张晓明可谓是春风得意马蹄疾。当时，辛苦奋斗好多年的他终于将生意做大了，过上了自己梦想已久的幸福生活。在饭桌上碰见龙哥之后，张晓明不到一个小时就变成了龙哥的“小兄弟”——在得知龙哥在某省商会中有很大面子之后，张晓明便开始跟龙哥套近乎，希望龙哥能帮他做成几笔生意，因为他的生意主要就是和那个省的商会中的几位老板做。

和龙哥混熟之后没多久，张晓明就将龙哥视为了自己的铁哥们。龙哥虽然没有帮助他马上做成生意，但是龙哥却介绍了几位很有实力的商业朋友，那几位朋友几乎个个都身价好几个亿，平时见面的时候非常有排场。而且，龙哥见这几位朋友的时候，几乎每一次都会带上张晓明，这令他觉得龙哥是一心想帮他将生意做得更大的好朋友。

2015 年春节的时候，张晓明在龙哥的带领下又去外地见一位据说很有实力和背景的生意朋友。令张晓明意想不到的是，就在他跟龙哥一起走进那位生意朋友的别墅之后就什么也不知道了——他被下了迷药。而就在张晓明来到这里的时候，龙哥特意嘱咐他给银行卡里存进大笔的资金，因为随时会和这位朋友做成一笔大生意。

等到张晓明醒过来的时候，他被囚禁在一间一片漆黑的地下室里。他随身携带的小包已经不见了，这个时候张晓明才意识到发生了什么，因为他想起几个月前的一次饭局上，喝得有点迷迷瞪瞪的他将银行卡交给了龙哥，并将银行卡密码告诉了龙哥，让他帮助自己去服务台刷卡结账。出于对龙哥的信任，张晓明后来也一直没有更改过银行卡密码。就在张晓明知道自己遭遇了什么的时候，他卡里存的七百万元存款已经被龙哥以各种方式取走了……

应该说，张晓明是一个比较幸运的人，由于龙哥囚禁他的时候门上的锁扣因为年久生锈坏了，所以，张晓明在清醒过来后没多久就成功脱困。脱困之后，张晓明马上报了警，很快就被送回了北京。而龙哥在不久之后也被警察抓住了。不过，龙哥取走的那七百万元却有一大半被他挥霍了……

从张晓明的不幸却万幸的遭遇中我们可以看出：在自古以来就尔虞我诈的商场上，一定要注意辨别谁是真朋友，谁是假朋友，谁是帮你拓展人脉圈的人，谁是给你送圈套的人，只有认准了真正的朋友，才能够拥有人脉的宝藏，而不是可怕的欺诈。

那么，我们该怎么做才能够辨别谁是真朋友，谁是假朋友呢？

（1）商场上真正的朋友一定会和你有一个清楚的账本。

所谓“亲兄弟明算账”，意思就是要求我们和商业伙伴之间有一本清清楚楚的账本，而不是所有的账目都杂乱不清。事实上，那些真正的商业伙伴，一定会和你有一个清楚的账本，而那些居心叵测的人，则希望账本越不清楚越好，因为他们好浑水摸鱼。

（2）那些总是在你面前说“好”的人，未必是你的真朋友。

真正的朋友不会在你面前永远说“好”，因为你不可能是永远都做正确决定的人。所以，那些总是在你面前说“好”的人，未必是你的真朋友，而那些经常善意批评你的人，才是你真正的好朋友。

【智慧点评】

俄国革命民主主义者、哲学家维萨里昂·别林斯基说：“真正的朋友不把友谊挂在口头上，他们并不为了友谊而相互要求一点什么，而是彼此为对方做一切办得到的事。”在当前这个“陷阱”比“圈子”多的社会里，作为一名企业管理者就必须要小心。无论如何都要时刻提防，千万不能随便去相信朋友圈里的任何一个人，因为人心隔肚皮，就算你觉得对方很善良，但也不能将自己的所有隐私与商业机密都泄露出去——商场如战场，要想降低风险，就必须处处小心。

5. 好人脉是设计出来的

斯坦福大学调查显示：一个人赚的钱，12.5%来自知识，87.5%来自人脉。而关于人脉，已经成了现代社会的一个热门话题，因为越来越多的人已经意识到：人生不可无圈子，成功不能没人脉。

事实上，对于每一位在商场上的人来说，人脉就像空气一样重要——没有人脉，你不但无法做大做强，连生存下去也是一个巨大的考验。事实上，对于企业管理者们而言，最有价值的投资就是人脉，当你有了丰富的人脉资源库，你就可以在竞争激烈的商海中攫取更多机会，当别人还在为寻找发展机遇而烦闷忧愁的时候，你可能已经在众多的机遇中寻求到最好的那一个。

在很多的企业管理者看来，人脉是一点一点积累起来的，看的是运气，太着急也没有什么办法。可以说，这样的说法无疑是错误的，在当前这个信息高速发展的时代，人脉的拓展速度与拓展方式也有了很大的变化。因此，现在非常流行的一种做法是“设计人脉”。

在一个大雨滂沱的夜晚，一对面容憔悴的老夫妇走进了一家小旅馆，他们本来是赶路回家的，现在却只能在这里过一个晚上了。然而，令老夫妇没有想到的是，由于雨实在是太大了，很多赶路的人都住进了旅馆。就在老夫妇进来之时，旅店里的最后一间客房刚刚被预订出去。

“真是太抱歉了，我们这里已经没有客房了。”站在服务台前的服务生一脸无奈地说道。

“是吗？那怎么办呢？我们的车子已经开不动了，而且现在路况很差，这里也只有你们一家旅馆，我们又能去哪里呢？”老先生有些着急地问道。

“对不起先生，我真的无能为力，实在是没有客房了。”服务生有点不耐烦地说道。

“好吧，我们坐在你们大厅里的椅子上应该可以吧？”老先生问道。

“您随意，不过最好不要时间太长，因为您的鞋子上全是泥水，时间长了再来回走动的话，这里的卫生我又该重新打扫一遍了。”服务生口气很不客气地说道。

老夫妇听了服务生的话，心里非常难受，但是他们都是非常有礼貌的人，觉得让人家打扫卫生也不好，于是便决定出去坐在车里。然而，就在老夫妇伸手推门的一刹那，另外一个服务生跑了过来，他说道：“对不起，先生，太太，刚才我的那位同事疏忽了，我们旅馆还有最后一间客房，不过里面的陈设比较简单，一般不对外入住。现在外面的情况很糟糕，我觉得你们还是去住那间客房比较好。”

“是吗？那太好了。方便现在就带我们去吗？”老先生高兴而又急切地问道。

“没问题，你们随我来吧。”

第二天早上，阳光出来了，路面也干了许多。这对老夫妇便到前台去结账，而柜台前站着的正是昨晚那位好心的服务员。

“年轻人，看见你真高兴，昨晚的房费是多少钱呢？”老先生一边说，一边拿出一张大面值的钞票，准备当作小费给这位服务员。

“不用付费了。昨天晚上你们住的房间并不是客房，而是我的房间。那间房子不是客房，所以没有产生任何费用。希望您与夫人昨晚睡得安稳！”

老先生听了服务生的话后说什么也要把钱塞在他的手里。可是，那位服务员说什么也不收。没有办法的情况下，老先生又问道：“那你有什么需要我们帮你的吗？”

“我也没有什么需要帮忙的。如果你愿意的话，就为我拓展一下人脉资源吧，希望您留一下我的电话号码，下次来的时候直接联系我，我的业绩会增长一点。”服务生微笑着说道。

“没问题，我留下你的电话号码，我也给你留下我的联系方式。我再问一下子，你一直都这么做吗?”

“遇见了就做，我是一个普通家庭出来的奋斗者，我没有背景、没有很多的社会关系资源，我希望能够用这种方式去开拓我的人脉关系、客户群。”

老先生听了这位服务员的话后没有再多说什么，只是点了点头。两人互相留完联系方式之后，老先生就带着老太太离开了这里。

一个礼拜后，那位好心的服务生突然接到一个电话，是当地很有名气的一家酒店的老板打来的，希望他能够到他们那里做一名经理，而那个酒店的老板就是那天晚上住宿的老先生。

上面这个故事中的小伙子就非常聪明：他没有背景、没有丰富的社会关系，但是聪明的他懂得为自己设计人脉。人脉是设计出来的，这个观点对于现在的企业管理者来说，是一个既新颖又十分重要的新观点。因此，对于现在的每一位企业管理者来说，你若想成为叱咤风云的商业领袖，那么你就必须学会为自己设计人脉！

那么，企业管理者们该怎么做，才能够掌握设计人脉的方法呢?

(1) 做好定位：准确定位自己，才能明确自己需要钻什么样的圈子、拉什么样的“关系户”。

(2) 选择优化：圈子有很多、关系有很多，到底什么样的圈子、什么样的“关系户”才是能够为自己带来切切实实帮助的，这就要求我们进行筛选，而不是见圈子就钻，碰见关系户就拉。

(3) 创造吸引人脉的条件，设计人脉关键就是创造吸引人脉的条件。

(4) 交际中的名片应尽量分类保存下来。有一种朋友是你不能忽略的，他就是你在应酬场合相互认识并交换名片，但谈不上交情的朋友。这种朋友各行各业各阶层都会有。你不可丢掉这些名片，而应该尽量分类保存下来，记下这些人的特征，以便再次见面时心中有个谱。

【智慧点评】

中国是人情大国，优质人脉就像水资源那样稀缺而重要。所以，设计人脉是每一位企业管理者的必修课——不论你现在身处怎样的境遇，如果你希望几年后的自己能人脉通达，在商场上能够呼风唤雨，那么你就要从现在开始学会设计人脉，布好人脉大棋局，因为布局决定格局，格局决定结局。

6. 要有好人脉，就必须学会“装傻充愣”

在动物世界里，老鹰站立的时候好像在睡觉，老虎行走的样子好像生病了，这是它们为了捕获猎物采取的方法、战术——做人做事，也要善于藏巧于拙，才能走得更远。

中国古代的道家和儒家都主张“大智若愚”，而且要“守愚”。那些表面上愚钝的人宽厚敦和、虚怀若谷，在“难得糊涂”中看透纷繁复杂的利害关系，甄别是非、对错，是一种大智慧、大聪明。

生意场上有很多成功的商业领袖往往不在众人面前，尤其不在同行、同事或同伴面前显露才华，外表上好像很愚笨，其实，这既是一种至高的人生境界，又是人生之大谋略。

在处处充满着尔虞我诈的三国世界里，真正笑到最后的却是会装傻的司马懿。《三国演义》第一百零六回写的就是司马懿如何靠装病卖痴去“赚曹爽”的。

公元 247 年，魏国的大将军曹爽准备出城狩猎之际，心里一直很忐忑，他担心司马懿会趁机作乱。为了探清楚司马懿的底细，曹爽便让准备去荆州担任刺史的李胜去拜会司马懿。

司马懿得知李胜即将来拜访他的时候，马上便知道了这是曹爽的诡计，于是马上决定装病卖痴。当李胜来到司马懿的“病榻”之前后便发现，曾经那个老谋深算的司马仲达已经成了一个“去冠散发，上床拥被而坐”的老头了，一副快要死了的样子，看上去根本就不是一个能够对曹爽带来巨大威胁的政敌。不过，李胜还不是很放心，他对司马懿说：“天子要我到荆州任刺史，特来向太傅辞行。”结果，司马懿装出一副“傻愣愣”的样子，挣扎着说道："并州近朔方，好为之备。"

李胜说的是荆州，司马懿说的却是并州，明显一副又老又傻的样子。李胜又接着说道："太傅听错了，我是去荆州，不是并州。"结果，司马懿又继续装聋卖傻地说道："你刚从并州回来？"李胜只得大声地说道："我是去荆州。"这一回，司马懿总算是听清楚了，他又装出一副英雄迟暮的样子，用可怜巴巴的口气说道："我如今都是一把老骨头了，不久就要死了，希望我死了后，先生能够帮我照顾好我那两个不成器的儿子。"

李胜一看司马懿都成这样子了便放心地回去向曹爽报告。岂料，李胜前脚刚走，司马懿便马上召集两个儿子，对他们说："李胜回去之后，曹爽必然不会防备我。只要等到他们出城狩猎之际，我们就可以马上将他们擒获。"结果，皇帝曹芳与大将军曹爽等宗室到高平陵为魏明帝扫墓，司马懿乘机发动政变，诛杀曹爽，逼死曹芳，把所有的军政大权揽于手中——最终逼魏主"禅让"，取而代之，"三国尽归司马氏"。

从上面的故事可以看出：企业管理者们要想拓展人脉，让公司发展壮大，那么就必须学会"装傻充愣"：一方面，装得最傻的人，一定是个厚黑高手，一定是个胸中有大沟壑的人。与这种人打交道时，你不妨多个心眼；反之，你自己若是这样一个人，那几乎攻无不克。另一方面，善于做生意的商人，总是隐藏宝货，不让人们轻易看到一个人善于用"笨拙"的方式表现真诚的态度、替代机巧的做事手段，其实是一种大智慧。

【智慧点评】

企业管理者们必须牢记：掌控关系，太过凸显自己，往往让自己身陷泥潭，搞不好就会让公司"伤筋动骨"，这其实是"聪明反被聪明误"。所以，你的装傻充愣一定要使用得聪明一些，千万不能死搬硬套地乱用。

7. 形式永远比人强，人脉自然非常广

汉语中有一个词汇叫“水到渠成”，它表明事物发展都有自己的规律可循。在处理各种关系的时候，一定要善于借助事物内在的力量因势利导，才容易获得成功。就像大禹治水一样，采用疏导的方法，按照水的走势采取措施就容易驯服它，否则逆势而行，就会碰壁。

解读中国人之间的关系，可以用“势”这个字来理解。人与人之间最看重的不是“权”，而是“势”。

那么，如何理解人际关系中的这种“势”，并在生活、工作中有所作为呢？具体来说，要把握好以下三点：

（1）布局。

中国人拉关系，就是要布局。许多时候，打开人生局面，是通过创造机会实现的，这样就在打造关系、建立联系的过程中，成功掌握了个人命运。

（2）造势。

何谓势？《孙子兵法》上说：“激水之疾，至于漂石者，势也。”湍急的流水，飞快地奔流，以致能冲走巨石，这就是势的力量。

在各种关系中，布局之后就是要去造势。一旦“势”出来了，就没有人能够阻挡，“形势比人强”说的就是这个道理。

（3）摆平。

有开始就有结束，一段关系结束的时候总会有一个结局。这个结局要让各方不争执，大家都能散去，这就是最后的“摆平”。

如果出现这样一种情况，你得利了，而大家最后吃亏了，觉醒了，反过来都找你理论，这样问题就大了，后遗症很严重。所以，无论处理什么关系，最后一定要能摆平，大家相安无事，仍旧维持原来的关系。

【智慧点评】

《易经》上说："潜龙勿用，见龙在田，飞龙在天，亢龙有悔。"意思是，一个人势力弱小、能力不足时，要懂得保护自己，不要承担重大责任；有一定能力的时候，才能出来做点事；个人能力、声望达到顶点时，才能做大事；一个人的高潮过去以后，就要懂得反省、退让。其实，这是个人成长、处理各种关系的普遍规律。所以，企业管理者们在组建人脉网的过程中应该积极创造有利的态势，并懂得顺势而为，如此才容易取得成功。

8. 木秀于林，风必摧之

《孙子兵法·军形篇》中说："善守者，藏于九地之下。"意思是说，善于防守的人，像藏于深不可测的地下一样，使敌人无形可窥。与人交往，也要谨以安身，避免成为别人攻击的目标。

一个人处在某个位置上，生活在一个团队里，奋斗在一个行业里，就必须遵循固有的生存法则。对此，古人给出了生动的提示："木秀于林，风必摧之；堆出于岸，流必湍之；行高于人，众必非之。"也就是说，枪打出头鸟，保持低调才能避免成为众矢之的。这其实是处理关系的一个基本原则。

古往今来，多少仁人志士，因其才能出众，技艺超群，行为脱俗，招来别人的嫉妒、诬陷，甚至丢了性命。周公因谤而离朝，韩信遭诽受竹刀。于是，避招风雨就成为中国人处世的技法之一，更是中国商人们时刻铭记的商场信条。

在得克萨斯州的广袤草原上，三个拿着火枪的牛仔骑着骏马在驰骋，他们一边骑着马奔跑，一边兴奋地吼叫着，因为他们刚刚发现了一个埋在地里的存钱袋，里面装满了金币。毫无疑问，这三个家伙是非常幸运的，因为这一袋子金币足够他们中的任何一个人大吃大喝上一辈子了。

他们就这么一路吼叫着，渐渐地，他们的速度开始慢了下来，声音也开始低沉了下来。他们三个人的心里都打起了小算盘，究竟怎么去分这袋子金币呢？如果三个人平分，那大家后半辈子都得继续做牛仔，如果两个人分，基本上分钱的那两个人还能不劳动就过上不愁温饱的生活，如果这袋子金币要让一个人拿了呢？那他肯定是最舒服的。

三个人开始打小算盘之后不久，骑红马的那个牛仔就做出了决定，“我一定要将他们两个都杀了，而且我是三个人中枪法最好的，只要我第一个出枪打他们一个出其不意，那这袋子金币肯定就是我的了。”可是，就在骑红马的那个牛仔刚刚做出决定之际，身后就传来了两声枪响，他一头就栽倒在了地上。原来，后面那两个牛仔不约而同地做出了同样的决定，“我一定要先除掉枪法最准的那个人，剩下的一个再直接决斗吧！”

枪法最好的那个牛仔被打死之后，剩下的那两个牛仔却没有进行决斗，他们觉得还是平分比较好，毕竟钱有了之后，你还得有命花。可怜那个枪法最好的牛仔，他成了那只被枪打的“出头鸟”。

事实上，在商场上，那些真正的强者总是善于隐藏自己的锋芒，而为人通达的人总是能够掌握外圆内方、绵里藏针的关系技巧。作为一种有效的行动策略，隐藏锋芒可以使我们在与人交往的过程中游刃有余，在遇到危险的情况时巧妙远离灾祸，从而拥有更多的人脉资源。

那么，现在的企业管理者们应该如何去做呢？

(1) 为人要谦虚谨慎，不四处炫耀自己。

老子说过：“圣人自知而不自见也，自爱而不自贵也。”意思是圣人有自知之明而不自我表现，自爱自重而不自以为高贵。精明的商人把财富深藏起来，好像没有财富一样。有盛德的君子不炫耀和表现自己，和普通人一样。这都是谦卑的智慧，是我们应该一生参悟的生存智慧。

(2) 意识到锋芒毕露的危害。

炫耀自己的学识和才华，往往会给自己带来各种麻烦，而不能实现明哲保身的目标。杨修因为才华过人，结果被曹操妒忌，招来杀身之祸；韩信觉得自己本领高强，结果落个夷宗灭族的下场。错综复杂的社会关系、纠缠不清的利益纷争，都要求我们低调为好。

【智慧点评】

与他人的关系，有时风头占尽，可能失去良多；有时退一步，可以海阔天空。企业管理者们必须懂得平衡的道理、进退的玄机，才能处变不惊。一个人无论有多么大的才华，都要懂得隐藏锋芒的必要性和重要性——最先死在枪口下的，往往都是最先探头的鸟！

9. 拥有一双善于倾听的耳朵

善于倾听也是“情感投资”、笼络人心的一种好方式，当别人愿意对你倾诉的时候说明他已经把你当朋友了——拥有一双善于倾听的耳朵，才能在沟通之时打开别人的内心世界。

对于每一位企业管理者来说，要想拥有丰富的人脉资源，那么就必须拥有一双善于倾听的耳朵。

美国第三届总统托马斯·杰斐逊提出：“每个人都是你的老师。”杰斐逊出身贵族，他的父亲曾经是军中的上将，母亲是名门之后。当时的贵族除了发号施令以外，很少与平民百姓交往，他们看不起平民百姓。然而，杰斐逊没有秉承贵族阶层的恶习，主动与各阶层人士交往。他的朋友中当然不乏社会名流，但更多的是普通的园丁、仆人、农民或者是贫穷的工人。他善于向各种人学习，倾听他们的意见，掌握他们身上的长处。

有一次，杰斐逊和法国伟人拉法叶特说：“你必须像我一样到民众家去走一走，看一看他们的菜碗，尝一尝他们吃的面包，认真倾听他们说的一番心声，只要你这样做了的话，你就会了解到民众不满的原因，并会懂得正在酝酿的法国革命的意义了。”由于他作风扎实，深入实际，他虽高居总统宝座，却总是能够倾听民间疾苦。所以，他获得了很多人的支持，进而使他成了一代伟人。

从杰斐逊的故事中，我们可以认识到：拥有一双善于倾听的耳朵，就能够赢得更多的朋友。那么，企业管理者们在倾听别人的内心声音之时应该注意些什么呢？

（1）掌握引导的技巧。

倾听不是只听却不参与对话，而是要通过简洁的对话让对方把心里话说出来，这就需要我们把握住引导的时机，充分利用引导的技巧，让谈话变得真诚而有效率。

（2）控制自己的情绪。

对方在向你倾诉的时候，有些话题你很感兴趣，有些话题可能会让你趣味索然；有些话题可能关系到你的切身利益，有些话题可能和你毫不相关；有些话题攻击的可能是你和你的朋友，有些话题可能出于愤世嫉俗。这些话题对你来说是有区别的，但对于倾诉者来说，它们同样重要。所以，我们不能以我们的好恶来决定应该重点听哪些内容，更不能把情绪反映到自己的脸上。

（3）对于刺耳的话，不要着急去驳斥，而是耐心地听下去。

因为，当你在驳斥那些刺耳的话之时，别人倾诉的意愿已经大大降低，可能沟通就此停止。

（4）善于倾听就是要多听少说。

千万不要随意去打断别人的说话，更不要话太多，因为这样也会让倾诉的一方降低兴趣，甚至可能导致沟通就此停止。

【智慧点评】

世界最著名的影剧记者伊撒克·马士逊曾明确指出：“世上许多人之所以不能留给人良好的印象，正是因为他们不能耐心地做个好听众，由于他们只关心自己接下来要说的话，所以根本不肯耐心地去听人家把话说完……”倾听就是这样一种姿态，是一种与人为善、心平气和、谦虚谨慎的姿态。这种姿态，能使你倾听到最真实的话语，接触到最现实的答案。

10. 以德报怨的人更容易拥有好人缘

以德服人，是一种良好的修养与高贵的品质；以德报怨，更是一种智慧，也是赢得人心的一个好方式。《马太福音》中说：“当有人打你的右脸时，你应该把左脸也转过来让他打。”说的也是“以德报怨”——以德报怨才能化敌为友、赢得人心，最终让你拥有更多人的支持。总之，以德报怨能融化世上最冷酷的心，它是上帝赐给世人最珍贵的礼物，使人不再受到怨恨，从而真正享受心灵的自由。

第二次世界大战期间，一支部队在森林中与敌军相遇，激战后两名战士与部队失去了联系。这两名战士来自同一个小镇。

两人在森林中艰难跋涉，他们互相鼓励和安慰。十多天过去了，仍未与部队取得联系。他们打死了一只鹿，依靠鹿肉又艰难度过了几天，可也许是战争使动物四散奔逃或被杀光，这以后他们再也没有看到过任何动物。他们仅剩下的一点鹿肉，背在年轻战士的身上。

这一天，他们在森林中又一次与敌人相遇，经过再一次激战，他们巧妙地避开了敌人。就在自以为已经安全时，只听一声枪响，走在前面的年轻战士中了一枪，幸亏伤在肩膀上。后面的士兵惶恐地跑了过来，他害怕得语无伦次，抱着战友的身体泪流不止，并赶快把自己的衬衣撕开来包扎战友的伤口。

晚上，未受伤的士兵一直念叨着母亲的名字，两眼直勾勾的。他们都以为自己熬不过这一关了，尽管饥饿难忍，可他们谁也没动身边的鹿肉。天知道他们是怎么过的那一夜。第二天，部队救出了他们。

事隔 30 年，那位受伤的战士安德森说：“我知道谁开的那一枪，他就是我的战友。当时在他抱住我时，我碰到他发热的枪管了。我怎么也不明白，他为什么朝我开枪？但当晚我就宽容了他。我知道他想独吞我身上的鹿肉，我也知道他想为了他的母亲而活下来。此后 30 年，我假装根本不知道此事，也从不提及。战争太残酷了，他母亲还是没有等到他回家，就去世了。我和他一起祭奠了老人家。那一天，他跪下来，请求我原谅他，我没让他说下去。我们又做了几十年的朋友，我宽容了他。”

佛教里有这样一句话：“以恨对恨，恨永远存在；以爱对恨，恨自然消失。”面对别人的伤害，请记住宽以待人。而在生意场上，容人之过，谅人之失，超越恩怨，以德还报，人际关系就会处理得更融洽。所以，企业管理者们应该跳出自我的圈子，站在他人的立场上看问题，善待和包容那些异己的观点和行为。不要苛求别人，要大度友善地待人。要尽量淡化伤害，以善德对待仇恨，宽宏大度不记仇恨，做到得饶人处且饶人。

【智慧点评】

“以德报怨”并非一味地忍让和退缩，把握必要的分寸是很重要的。具体来说，要做到有礼有节，在做人做事的过程中从容不迫地处理各种问题。事实上，人们都有羞耻之心，当我们“以德报怨”的时候，对方通常会为自己的“失礼”感到汗颜。

商业领袖的七副面孔
SHANGYE LINGXIU
DE QIFU MIANKONG

第五副　狼性面孔

若想立于不败之地，就要像狼一样行动

这不是一个最好的时代，这也不是一个最坏的时代，这是一个需要狼性精神的时代——只有像狼一样去拼搏的人才是这个时代的主宰者，哪一个企业能够建立一支狼性团队，谁就能够上演这个时代的商业神话。狼，从来都是人类的敌人，但却是人类的精神图腾之一。可以说，在所有的动物中，最有团队精神、最注重团队力量的种族应该是狼。一只狼，可能连强壮一点的猎狗都战胜不了。但是，一群狼却能够占领一片森林、一座大山，甚至连猎狗的主人也往往成为它们口中的美餐。因此，我们应该意识到：现在已经不是一个单枪匹马打天下的年代了，企业的发展必须依靠一个有野性、有集团作战能力的核心团队，即狼性团队。所以，你若想打造出一个狼性企业，那么你就必须拥有一副“狼性面孔”。

1. 弱肉强食的时代，你必须是一匹狼

“我是一匹头狼，是狼群至高无上的领袖，就算是珠穆朗玛峰上的积雪也无法冻结我那颗热血奔涌的心。我对着日月起誓：不管前面是万丈悬崖，还是遍地泥沼，我都一往无前，为了兄弟姐妹们的生命而竭尽全力，为了整个狼群的未来宁愿抛洒我满腔的热血。

“身为头狼，我绝对不会让狼群没有尊严地活着，更不会在危难之时抛弃我的兄弟姐妹。我的身体流淌着永不言败的血液，我相信我就是主宰整个世界的领袖。因为，我是头狼，那匹在月光下发出让整个世界都为之颤抖的声音的头狼。”

——狼之语

头狼就是狼群的核心，它是整个狼群的领路人——它们未必有着狼群中最漂亮的皮毛，也未必有着狼群中最大的块头，但是它们绝对有着狼群中最聪明的头脑和过人的管理手段，因为它们的肩膀上肩负着整个狼群的荣誉；头狼都是众狼最为拥戴的领袖，整个狼群的兴衰也都压在它的肩膀上，它以自己的魅力和优秀的管理手段，将每一只狼都紧紧地团结在自己身边，让整个团队发挥出强大的团队力量。

这，就是头狼。同样，对于一名企业领袖而言，要让自己成为团队中最有权威的人，那么就必须让自己成为团队中最优秀的人，有着其他团队成员都无法比拟的优势。在任何一个狼群中，在市场环境越来越残酷的今天，企业团队如果没有一个像头狼一样出色的企业管理领袖，那么必然不会在市场竞争中生存下来，因为这是一个狼性竞争的市场年代。

所以，培养头狼式企业领袖就成了一个优秀企业团队必须去做的事情——只有培养出了头狼式的企业领袖，才能够提升团队凝聚力，制定出适

应市场发展的企业战略，研发出比竞争对手更优秀的产品，最终成为市场上的霸主。

可是现在呢？很多的企业都缺乏狼性精神，上至企业领导，下至普通的一线员工，都是缺乏一股子狠劲，总是觉得市场还不错，一边发展一边看。结果，这些企业往往都是因为缺乏狼性精神，最后站在了被淘汰的边缘。对于这种境况，百度公司董事长李彦宏发出了这样的呐喊："当一个公司逐步发展壮大的时候，基层员工的心态会发生一些变化，早期的员工进来就认为我把青春赌进来，所以一定要把它做成。现在进来的员工很可能觉得百度是个大公司，一旦能够进来就能很轻松拿高薪，这种想法是需要改变的。如果每个人都这样想的话，百度的竞争力就没有了，很快就会被别人打败。我需要及时提醒我们的员工要保持冷静、激情，保持创业的精神。我简单用了一个词就叫作狼性，也就是要有敏锐的嗅觉，要有团队精神，要不屈不挠。"

那么，对于企业管理者而言，该怎么做才能够让自己成为一匹"头狼"呢？

(1) 天塌下来，地陷下去，都比不上失去斗志可怕，因为这会让一只头狼变成一只绵羊。很多的企业管理者，在犯了一些错，碰到一些挫折之后，就开始丧失斗志，变得一蹶不振，让整个企业团队陷入了发展的困境之中。而在狼群之中，拥有无限尊荣的头狼也会犯一些错误，走一些弯路，但是它们却绝对不会失去斗志。因为它们知晓，一旦自己失去了斗志，就会让整个团队都变得士气低落，根本无法像之前一样战斗，只能让整个狼群一天天地走向土崩瓦解。所以说，对于任何一个企业管理者而言，犯错不可怕，可怕的是失去斗志。

(2) 我有着最坚定的信念，我也必须坚定自己的信念不动摇，因为我是头狼。信念就是灵魂深处最坚定的东西，哪怕上刀山下火海，都无法把它从灵魂中挖走——身为头狼，它们从来不会让自己的信念动摇，因为它们就是整个狼群的主宰。然而，比狼群更为聪明的人类团队中，却有很多的企业领袖都无法保持坚定的信念，这使得他们的团队总是"形聚而神散"，表面上看很强大，实际上却是一个"纸老虎"。这其中最主要的原因就是——企业领袖都不相信团队会做大做强，那么普通的团队成员又怎么会有这种奢望呢？所以说，要想成就一个卓越的企业团队，那么企业领袖就必须拥有永不动摇的坚定信念。

【智慧点评】

狼群，从某种意义上来说，这是一个让人类既痛恨不已又无比崇敬的种群——它们是恶魔的化身，用自己的尖牙利爪让人类恐惧了数千年之久；它们是无敌的代名词，在食物链数千年的进化过程中，用精诚团结的精神书写了辉煌的进化传奇，一直屹立在食物链的最顶端。企业经营的是产品，但归根结底经营的却是人，只有让企业领袖和企业中的每一个员工，都拥有狼的强势进取精神，才能够让企业完成最终的升华与蜕变。

2. 生命哲学：群狼精神是团队图腾

狼群不是一支队伍，而是一个精神图腾，它们用最原始也最智慧的方式征服着一片又一片土地，一个又一个年代——它们是世界上最伟大的团队！

狼群，一直都是这个世界上最优秀的团队。不论是在皑皑白雪覆盖的草原上，还是在闷热潮湿的山林中，它们从来都结伴而行。遇到危险的时候，它们团结一心共御强敌；捕获猎物的时候，它们有序地去分享。所以，狼群是优秀团队的象征，群狼精神就是团队精神的“图腾”。

对于企业而言，铸就有狼性精神的团队，就能让所有的员工都像狼一样忠诚地留在企业中，为了企业的发展贡献自己的聪明与才智。所以，每一个企业管理者都应该明白：为企业注入群狼精神，是企业从竞争激烈的市场上成功突围的关键因素，更是自己肩膀上最应该扛起的一项光荣使命——培养有狼性的员工，打造有群狼精神的团队，就能够让企业像一群狼一样勇往直前，做市场上的“王者”。

那么，作为一名企业管理者，该如何为自己的企业注入狼性呢？

（1）群狼精神是企业中每一个人的最高信仰。

群狼精神是一种最高境界的信仰，团队精神就是狼群的信仰，是群狼们一生为之奋斗的根本。对于任何一个企业团队而言，群狼精神不应该是一种传说，而应该是溶进血液中的一种基因，不断地为团队的发展提供强大的驱动力。

世事变幻无常，市场变幻不定。在古代的游牧民族中，很多的部族将狼视为民族的守护神。随着时代的变迁，群狼精神依然扮演着守护神的角色：当企业团队拥有了群狼精神，就会变成企业的守护神，在危机来袭之际，他们带领大家勇敢地去抗争，而在取得巨大的成功之际，他们会带领大家不做那只“出头鸟”。

所以，将群狼精神渗透进企业文化中，成为每一个人的人生信仰，那么肯定会为企业的发展带来巨大的帮助，让企业像草原上的狼群一样，团结一心，来往奔突，所向披靡。

（2）紧密战斗，始终战斗在一起。

“即便是死，我们也要死在同一个战场上。”这是一句很多的战争片中都会出现的经典台词。在鲜血与战火中，那些无惧死亡的勇士们将自己的生命交给同伴，即便是让无数人恐惧的死亡阴影也掩盖不住他们对于同伴和团队的热爱。

当我们在这样的电影场景前潸然泪下的时候，可能没有一个人会想到，有一个动物种群一直以这种精神征服着世界，也感动着世界。毫无疑问，这一个动物种群就是狼群——它们生而为狼，与同伴紧密地战斗在一起，不论是万丈悬崖，还是急流险滩，它们从来都并肩而上，永不退缩，以超强的团队战斗力击败每一个强敌，霸绝天下。

同理，企业团队就应该像群狼一样，每一场战斗面前都没有人抛下同伴苟且偷生。只有这样，企业才有可能发展起来，最终冠绝市场。

【智慧点评】

乞求与哀怜的眼神只属于孤狼，高傲与不屑的眼神从来都属于群狼。一只孤狼，可能连一只跟在牧马后面的猎狗都战胜不过，但是一群狼，却可以从丛林之王老虎的口中夺取猎物。

所以，一只强壮的狼如果离开了狼群，命运的轨迹就转向了失败的行列，而一只伤痕累累的狼回归了狼群，命运的转轮就滑向了胜利的行列。因此，狼群用自己的高傲与胜利完美地阐释了团队的生命哲学，群狼精神就是团队精神的最高境界。经营企业就是一场你死我活的斗争，惨烈程度比食物链上的竞争更高。因此，作为一名企业管理者就应该像头狼一样，培养有狼性的创业团队，将群狼精神当作团队的生命哲学。

3. 决胜天下，你的团队必须要有血性

血性就是一种凝聚力，是永不退缩的代名词——淋漓的鲜血，是狼群永远都离不开的精神“兴奋剂”，更是狼群一直保持强势的推动力。

一个缺乏血性的企业团队，就如同一个对于鲜血失去嗅觉的狼群，它们没有进取心，由强者变成弱者，注定成为一个在食物链上等待被消灭的团体。因此，企业管理者一定要为整个团队注入血性，打造出一支像群狼一样强势的团队，如此方能成为市场竞争中的强者。

那么，企业管理者如何为自己的团队注入血性，打造一个群狼一样强势的团队呢？

(1) 淘汰畏缩困难没有进取心的员工。

狼群之所以一直有血性，一直是强势团队的代名词，关键就在于狼群能够淘汰那些不敢直面强敌的弱者，每一个留下来的狼都是敢于和狼群同命运共呼吸的强者。所以，狼群能够一直保持学习，保持团队的强势，高高地屹立于世界之巅。

(2) 保持一颗嗜血的心。

保持一颗嗜血的心，是狼群一直处在食物链最顶端的关键因素。正因如此，狼群在每一次竞争中，每一条狼都能够睁着血红的双眼，勇猛地扑向对

手，撕裂它们的喉管，饮下对手的鲜血，吞食对手的肉体。

(3) 狼群的最高行动准则就是死拼到底，用顽强压倒一切。

欧洲历史上最伟大的军事家拿破仑说过：“最困难的时候，也就是我们距离成功最近的时候。”

当群狼在遭遇困难的时候，他们往往只会做出一个唯一的选择，那就是顽强地死拼到底，将属于别人的胜利掠夺在自己的手中。因此，当人们想起狼的时候，除了凶残，剩下的就是它们顽强的生存欲望。所以，群狼最为显著的标志就是——顽强。

而对于一个团队而言，顽强就是团队的命脉——不够顽强的团队，天生就是一个经受不起惊涛骇浪的团队，这样的团队在激烈的竞争中只能被拍打成为一段段漂浮在水面上的朽木，最终悄无声息地消失……

让一个团队变得顽强，面对困难敢于迎难而上，这就需要企业管理者为团队注入狼性文化。当每一个团队成员都会在困难面前睁着血红的双眼、奋勇向前的时候，那么这个团队就是一个标准的“狼群”，顽强将成为他们性格中最为突出的一面。

(4) 团结一致的狼群就是这世间最坚硬的拳头，它每一次出击都能够将承受者击得粉碎。

狼群从来都不会去怀疑自己是否会获得最后的胜利，因为它们一直相信狼群就是世界上最团结、最有战斗力的团队—— 一支团结的犹如世界上最有力量的“硬拳”的团队，还有其不能击败的敌手么？

对于那些正处在激烈的市场竞争中的企业而言，最应该做的就是让每一名员工都变成“一头狼”——当项目落实的时候大家团结一心努力去做，当新市场确定之后大家就上下齐心去开拓，这样的企业团队还有击不败的竞争对手么？

所以，任何一个企业团队都应该灌输“狼性精神”，上下一心、默契协作，就能够像狼群一样所向披靡。

(5) 不要轻易将孤狼踢出去，而是让他们在有血性的时候更团结。

毛泽东主席说过：“惩前毖后，治病救人，我们揭发错误、批判缺点的目的，好像医生治病一样，完全是为了救人，而不是为了把人整死。”

实际上，当头狼发现了狼群中出现了不合群的孤狼之时，它们做的第一件事情并不是将孤狼赶出去，而是去和孤狼进行积极的沟通，并且以各种方式去引导和改变孤狼。因为，头狼始终明白：狼群的发展壮大需要每一头狼付出努力，轻易就将不合群的孤狼清理出去，只会让狼群的实力下降，所以发现孤狼之后最应该马上去做的就是“惩前毖后，治病救人”。

同样，企业团队中如果出现了不合群的团队成员，那么企业团队管理者就应该马上像头狼一样行动起来，帮助这些员工找到问题的症结所在，并且从精神和物质两方面入手去“拯救”他们，最后让他们回到企业团队这个家庭中来，使得企业团队的实力不轻易受损。当然，如果他们真的“无药可救”，不能很好地融入到团队中来，那就必须坚决让他们离开，并且应该为他们永远关上回来的大门。

【智慧点评】

狼群从荒蛮的远古一路奔跑到文明的现在，这一路上充满了险滩、沼泽、冰雪以及数不清的危险与残酷，但是它们却从来没有放弃过自己，不断繁衍，不断奋进，终于将胜利者的荣耀打磨成了“团结”两个字，并溶入进它们奔涌的血液里。团结奋进，就是狼群生生不息的动力之源，也是狼群站在食物链最顶端的根本原因——它们是世界上独一无二的战斗团队，在团结中保持团队的韧性，在团结中激发团队的血性，所以狼群缔造了生物种群生存史上最辉煌的纪录。

4. 打造一个脚踏实地的狼性团队

做一只脚踏实地的狼才会让队友更有安全感，它才会在狼群中承担起更重的责任。

一位哲人说过：“好高骛远会导致盲目行事，脚踏实地更容易成就未来。路标永远指向前方，人只有脚踏实地才不会摔跟头，只有实实在在地走好每一步，我们才能够为自己赢得成功的机遇。”

孤狼之所以会被淘汰出狼群，并不仅仅是因为它们性情孤傲、难以相处，更为重要的原因就是因为它们不能承担起更多的责任——只有在狼群中脚踏实地的狼才能受到头狼的青睐，受到同伴们的信任，它们永远不会变成孤狼，因为脚踏实地的它们总是能够将自己肩负的职责履行到位，能够完成头狼交代的每一项任务，愿意承担起更多的责任，是最值得信赖的团队成员。

同样，任何一支企业团队要想成为一个优秀的集体，那么就必须多培养一些脚踏实地去工作的团队成员，让他们肩负起企业做大做强的重任，最终让企业团队拥有非凡的市场竞争力。

（1）要想脚踏实地，那就必须不能安于现状。

美国钢铁大王安德·卡耐基曾经有一句名言：“在巨富中死去，是一种耻辱。”只有不断地取得辉煌的成就，不让自己的人生变成一潭没有涟漪的死水，生命才会绽放出幸福的花朵。

生活在大草原上的狼之所以能够成为“草原之王”，最主要的原因就是它们不仅仅满足于有肉吃，而是它们从不安于现状，在团结中去实现自己要统治整个草原的梦想。

毋庸置疑，对于处在当前激烈竞争中的企业团队成员而言，每一个人都抱着做一天和尚撞一天钟的工作态度，只是为了薪水而工作，整日里浑浑噩噩安于现状，那么他们所在的企业团队绝对不会长久发展下去。

而对于那些已经取得了一定成绩的企业团队而言，他们更应该摒弃安于现状的想法。如果他们将之前取得的辉煌成就当作事业的巅峰，只是希望自己一直处在之前的成功阶段，那么他们就会马上面临着失败，因为巅峰之后下一步肯定就是下坡路。所以，他们必须不能安于现状，脚踏实地地向着更高的巅峰进发，才能够一直拥有成功者的桂冠。

（2）自傲或自卑的人都不会踏实肯干。

曾经有人问苏格拉底：“既然人们都说你是天下学问最高的人，那么你能告诉我天和地之间有多高吗？”听到这个问题，苏格拉底不假思索地说：

“三尺高!”那人听了之后不屑一顾地笑了笑，反驳道：“在这个世界上，除了侏儒之外，几乎每个人都有五尺左右高，你居然说天与地之间只有三尺高，那岂不会把天戳破了?”苏格拉底听了之后开怀一笑地说：“是啊，你说得很对，正是因为这样，所以只要是高度超过三尺的人，就必须懂得低头才能长立于天地之间。”实际上，苏格拉底在回答这个问题的时候已经道出了做人的真谛。假如一个人太过于高傲，就要学会低头，不然就会戳破大天；同样的道理，一个人也不能过于低头，否则，一旦变成了自卑，就无法成为一个顶天立地的人。总而言之，凡事都要有度。做人既不能过于高傲，也不能过于自卑，只有不卑不亢，才能更好地做人做事，与人相处。因此，对于企业管理者们而言，要想拥有一群像狼一样脚踏实地、努力奋斗的员工，那就必须让员工们既不自傲，也不自卑。

(3) 强烈的危机意识会让企业团队更能够脚踏实地地去发展。

AEC 集团企业管理者王蜀说：“我认为事业上的机遇和困难对于男性和女性是平等的，但我认为处于现在这样一个竞争激烈的环境中，一个有竞争力的团队的领头人必须具备不断学习与进取的精神，随时保持强烈的危机意识。”

作为狼群的统领者，头狼总是尽自己最大的努力让狼群保持强烈的危机意识，因为头狼始终都明白——生命犹如夏花，如果没有秋天随时会降临的危机意识，那么灿烂就不会那么耀眼，危机感就是狼群不断产生强烈进取心的源泉，是狼群不再浮躁不安，脚踏实地努力求发展的根本原因之一。同样，在企业团队发展的过程当中，危机总是像杀手一样悄无声息地潜伏着，一旦不慎就会马上遭遇危机的侵扰。所以，对于任何一个企业管理者而言，只要保持强烈的危机意识就会让成员们一直保持脚踏实地的优良作风。

【智慧点评】

当今社会有着太多的浮躁情绪和急功近利的想法，有不少人总是在工作中想方设法寻找成功的捷径，很少能够安下心来踏踏实实去做事情，一行动起来，就尽可能地钻空子、占便宜，白白地丢掉了很多成功的机会，所以企业管理者要想让每一名成员都踏踏实实去做，那么就必须先消除他们的浮躁情绪和急功近利的想法。

5. 你必须是个强悍有魄力的领袖

北宋开国之君赵匡胤说："卧榻之侧岂容他人鼾睡。"

这是一种强悍，一种舍我其谁的魄力。而让整个丛林都成为自己的领地的头狼，就是一个"卧榻之侧容不下他人酣睡"的超级领袖，它们称霸丛林，决不允许有别的动物从它们的领地上抢走一口食物。

所以说，企业领袖就是要有头狼的这种强悍和气魄，积极地巩固企业的市场地位，努力扩大自己的市场份额，将每一个威胁到自己的竞争对手彻底地打压下去，才能够让自己的企业成为市场上的"霸主"。

开启中国杀毒软件市场第一个辉煌时代的王江民，无疑是一匹"狼"，是杀毒软件这片市场上的第一个武林盟主。然而，在 2010 年 4 月 4 日，创立了江民杀毒软件品牌的王江民不幸因病去世……

王江民的去世，把杀毒软件市场的竞争激烈气息，传递给了每一个关心这片江湖的人。因为，当王江民还健在的时候，就有一匹"狼"开始在杀毒软件市场上崭露头角。这匹狼就是奇虎 360 的董事长，周鸿祎。

如果说，王江民是中国杀毒软件市场上第一匹冲出来并占领了大片江湖的"狼"。那么，后来的周鸿祎无疑是现在最为出众的那匹"狼"。

2009 年 10 月，中国杀毒软件这片江湖陷入了前所未有的竞争中，江民、金山、瑞星等各大企业正在进行你死我活的激烈竞争。就是在这一个月内，像狼一样有魄力且具有敏锐眼光的周鸿祎，率先祭出了"永久免费"的绝招。结果是，曾经风光无限的江民、金山、瑞星等江湖巨鳄纷纷战败，新冲出来的周鸿祎和奇虎 360 成了这片江湖上的新"武林盟主"……

对于每一个企业团队的创建者来说，都应该像周鸿祎那样去做——在竞争激烈的市场上，要强悍，要有魄力，敢于打破常规，才能够做得更好，让企业成为所在“江湖”的霸主。

那么，企业管理者们该怎么做，才能够让自己拥有强悍的魄力呢？

(1) 强悍的气魄源自于一颗淡定的心。

作家木木在《淡定的人生不寂寞》一书中写道：“淡定是富贵不张扬，成败不言语，挫折不偏离，坦坦荡荡的谦谦君子，不患得患失，无大喜大悲，自然、沉着、勇敢，从容地面对人生的各种挑战。”

狼群是一个如烈火般狂热勇猛的团队，也是一个如流水般淡定稳重的团队——不管遇到什么挫折，狼群都能够勇猛地去解决，淡定地去面对。平凡的人生需要淡定，能够让人在寂寞与沉闷的时光里去品味生活的真谛，最终拥有一个恬淡幸福的人生。普通的企业管理者也需要淡定，如此才能够让自己和企业中的每一个人都保持一份虔诚向上的积极心态，清楚深刻地认识创业的本质，最终让企业在平淡中走向辉煌。

另外，商场从来都是一个瞬息万变、竞争残酷的场所，每一个深处商场的企业管理者都必须拥有一颗淡定的心，在遭遇险况之时能够保持沉稳，并且以冷静睿智的思维去积极解决问题，在取得辉煌成绩之时能保持平静，并且随时警惕失败的突袭，如此就能够成为一个出色的企业领袖！

(2) 要有一颗永不满足的心。

巴顿将军说：“成功的考验并不是你在山顶时会做什么，而是你在谷底时能向上跳多高。”

永不满足，这是狼群生存哲学中的一项重要内容。永不满足的心态并不等同于贪得无厌，而是永无止境的追求。

很多的企业在达到一个业绩高点的时候就开始走下坡路，很大程度就是因为他们缺少永不满足的王者心态——面对激烈的市场竞争，每一天都高喊着勇攀新高峰的空口号，在实际工作中却总是敷衍了事，以得过且过的心态去做事。结果是，空口号的余音还没有散尽，自己就已经成了硝烟弥漫的市场竞争中的“炮灰”。

所以，对于任何一个企业管理者而言，永不满足的发展理念不能仅仅落实在口号上，更应该落进每一名企业成员的心里，落实在实际工作中。如此，所有员工才会像狼群一样优秀，成为横扫市场的王者团队。

(3) 桀骜是一种狂而不妄的精神，是狼群勇往直前的原始动力。

桀骜，一种逆天而上的拼搏精神。桀骜不驯，就是狼群历经千年而依然强大的最根本原因之一。因为，被历史淘汰掉的都是摆脱不了命运枷锁的弱者，而真正存活下来的都是能够摆脱命运枷锁的强者，而狼群就是因为自己的桀骜不驯而不断强大的种族。

桀骜不驯，不是无法无天，而是相信自己能行，相信自己能够战胜命运。因此，对于每一个企业团队来说，就应该有着桀骜不驯的气势，敢于在竞争对手面前露出自己凶狠的一面，更敢于突破传统不断创新，拥有强悍的魄力，最终把企业做大做强。

(4) 呼啸原野，不畏命运的安排。

我们不相信宿命，我们会创造自己的命运，因为我们就是一群狼——狼群，是一群拥有着坚定信念的物种，它们从出生的那一刻起，就开始为改变自己的命运而奋斗不止。

在大自然中，狼群大多数时候都生活在自然条件极差的环境中，饥一顿饱一顿，还随时面临着其他物种的侵袭。可是，在它们的命运字典中没有“屈服”两个字，它们无时无刻不在为改变自己的命运而奋斗。

改变一个人的命运本就不易，更何况是改变一群人的命运？对于一个企业领袖而言，改变自己的命运也许不难，难的是如何帮助自己的伙伴们去改变他们的命运。因此，对于一个企业领袖来说，就是要在自己成为一匹狼的时候，更要让所有的团队伙伴都成为狼。换句话说，当一个团队成为一群狼的时候，那么大家的命运都会被改变——拥有不畏命运安排的精神，就能够拥有强悍的气魄。

【智慧点评】

我们是一群狼，从枝繁叶茂却遍布陷阱的丛林深处走来；我们是一群狼，从一望无际却流沙滚滚的荒漠戈壁中走来——残酷的生存条件像一道恶灵的诅咒一样时刻威胁着狼群的生命，但是我们却从来不会畏惧，因为那些在残酷的现实中默然凋零的生命往往都是死于恐惧。我们是一群狼，从一碧千里却遍布沼泽的辽阔草原上走来；我们是一群狼，从白雪皑皑万里冰封的雪山上走下来——只要我们稍有懈怠，危险就会马上站在我们的对面，所以狼群从来都以不屈的眼光审视着这个世界，用嗜血的心态让自己蜕变为真正强悍有魄力的勇士，从来都不会在命运之神面前显露出半点畏惧之色。所以，对于那些渴望拥有强悍魄力的企业管理者来说，就应该时时刻刻都向狼群学习，学习它们身上的这种可贵精神。

6. 不花时间和精力肯定是不会有好生意的

世界管理大师杰克·韦尔奇曾说过：“企业最需要的就是一群团结的人，因为团结才会让聪明、才识、方法、制度等产生巨大的积极作用，让企业取得不错的发展业绩。”

实际上，狼群就是韦尔奇口中所说的那种竞争团队——它们从出生的那一刻起就坚信团队的力量，始终以世间最悍勇的战士姿态去维护狼群的利益，不管花多少的时间与精力，它们始终秉持活着的每一刻都在为了狼群而战的信仰。所以，狼群从古至今一直以强者的姿态站在食物链的最顶端。

对于每一位企业管理者来说，你要想成为一名出色的领袖，那你和你的“战士”们就必须像狼群一样，不管发展的过程中遇到多么大的困难，都要舍得花时间和精力，因为不花时间和精力肯定是不会有好生意的。下面，我们就来看看阿里巴巴集团的“头狼”马云在《马云扎堆专栏》中是如何说的。

最近老是有人问我：“现在生意越来越难做，今天上淘宝去开店还有机会赚钱吗？总看到有人在淘宝上做得很好、很快乐而且很赚钱，而自己做了个把月却生意一直不好，快坚持不下去了，是不是自己做得太晚了……”

其实做生意从来就没有容易过！起早贪黑，担惊受怕，患得患失，忙了一年颗粒无收甚至血本无归，众叛亲离都是很自然、很正常的事。说生意好做的人基本是吹牛。任何时代做生意都是要冒风险，都是要付出巨大的脑力、心力和体力。一夜暴富成名的事基本上是电视剧里的故事。好生意都是需要时间和心血积累打造起来的。花大量时间精力未必生意会好，但不花时间精力是肯定不会有好生意的！淘宝开店也一样。

其实13年前开店还仍然坚持到今天的人并不多。那时候开淘宝店也非常艰难，因为网购的客户很少，物流很差，支付绝对不顺畅。那时候开实体店的人常常笑话开网店的人是异想天开。其实很奇怪，十多年来，那些想通过开网店迅速致富的人基本都失败和放弃了。而那些坚持把开网店当乐趣，当和人沟通交流的人却基本上成功了，他们从一个人开店到雇用几十个、上百个员工的人比比皆是……

做生意的第一要素是要用心。你做的事是你真正喜欢和热爱的！因为你用心做自己的产品和服务，发现有客户对你的产品和服务感兴趣的时候，你自然会充满感恩，会耐心热情地与客户沟通和交流……充满感恩的人容易成功，更何况做你自己喜欢的事，所以你不会觉得太累。开始的时候，做不做得成生意不重要，但找到对你的产品和服务感兴趣的人非常重要！

做生意的第二要素是用脑。选择了做什么后，就必须思考如何做。尤其是小企业，你必须做出特色来，做出与众不同来，做出乐趣来，做出自己和客户的感情来。做生意不是简单的买卖关系，而是在创作或发现一种你和你的客户共同认同的价值。找到喜欢你东西的客户其实就是找到了一个“知己”！有了这样的知己，你能不高兴和感谢吗？

做生意的第三要素是必须要花时间、花精力和花体力。几乎所有优秀的创业者都是在走路、吃饭、冲凉洗澡、睡觉做梦甚至上厕所时都在思考如何改进自己的产品和服务，抓住每一分钟时间与客户和自己的员工沟通，在流泪中学习，在沮丧中感受希望，在担忧中品味零星的希望。过去的2015年，很多人说淘宝是运气好，我们确实有很多很多的运气成分在里面，但我们起得一定比大家早，我们下班一定比很多人晚，我们睡得一定没有大家香，我们假期一定比大家少得多，我们的身体一直在沮丧和挫折中挣扎。

淘宝今天生意好做吗？不容易！但也找不到其他更好做的地方了！如果每天有上亿网购者来访问的网站，你还是没有办法找到自己的客户，你是否想过用心、用脑、用体力去改变自己的方法？以前你做生意只能面对几十个人，而今天你可以每天面对全国甚至全球数十亿人，问题是你觉得自己的产品和服务是不是够独特，是否能在十几亿人中找到知己，是否能让这些知己满意，成为终身“知己”！

淘宝网刚设立的时候，我们希望给很多人带去交易和交流的快乐！卖出东西是一种快乐！卖不出东西，思考如何卖，如何找到和有兴趣的人交流也是一种独特的快乐和享受。淘宝从第一天起就不是按商场或大卖场的买卖而设计的，而是希望年轻人通过货物和服务的交易交流来产生一种新的生活方式。就如同人们去星巴克不是为了品尝咖啡的味道，而是因为它是一种生活方式。人们买昂贵的服饰不是为了保暖，而是追求一种独特的生活态度。淘宝在打造的是一种创新、创造，有创意的生活空间，里面是无奇不有的“万能淘宝”。

我发现这几年做成功的淘宝店主基本上是那些把淘宝开个店当自己乐趣的那些“奇葩人士”。他们觉得买卖就是一种乐趣和交流方式。如果没有人买你的东西，只能说明你找“知己”的方法有问题，或者你“特别”的服务和产品根本就没有“知己”。花大钱砸市场而不是靠创意、靠耐心、靠服务去发现“知己”市场，那是愚蠢的自杀行为。但不想投入一点点小钱就想找到“知己”也是幼稚行为。

电子商务只是刚刚开始。未来三十年才是真正的发展时期，未来，你可以不做生意，但你必须要有买卖。你买卖的未必是实物，而是你的创意和创造，是你对这个世界的畅想和梦想，你要找到的不是那个“买家”而是那个“知己”，你要学会相处的不是生意是未来，是明天的生活方式！你要经营的不是生意，而是在经营更好的自己！

世界那么大，电商还有至少三十年，试试看吧！万一你找到了一大批“知己”呢？我们可以没有很多的钱，但我们必须有很多的“知己”、朋友和“亲”！

（2015 年 7 月 2 日，从巴西飞回国内的路上，随感而写，错别字很多，也不想改了。送给那些在艰难创业路上的人。感谢最近旅途中那些素不相识的各国创业者过来握手和交流。）

（注：编辑加工中已改正文中错误。）

试想一下，如果你是一个在做生意的过程中不肯花费时间和精力的企业管理者，那么你能够像马云一样带出一群充满狼性的“阿里战士”吗？你能够将生意做得更上一个台阶吗？答案肯定是否定的。所以，我们就应该全力以赴，像狼群一样不给自己留任何一条退路，哪怕花费再多的时间与精力，也要拼斗到底。

退路从来都不是生路，往往在我们被逼上绝路时却能够转危为安，因为谁都有可能“绝处逢生”。所以，企业团队就是要敢于将自己逼上绝路，破釜沉舟，背水一战，犹能成功，从绝望中寻找希望，只有不留退路，才可能赢得出路，奔向辉煌的未来！

【智慧点评】

在危机四伏的战场上，在挫折重重的困境中，狼群绝不会轻易在失败面前低下自己的头颅，它们就是拼到最后一刻也绝不会畏惧——狼群在月夜中高亢苍凉的号叫声，仿佛在诉说着命运的悲凉，但是它们那坚毅的眼神却总是在向世人宣告，狼群绝不会害怕失败，直至战死。对于每一个企业团队而言，他们都应该明白这样的道理：那些真正都够到达成功彼岸的创业团队，是一群从来都没有想过给自己留下任何一条退路的人，因为退路往往成为他们退缩的最好借口，哪怕花费再多的时间和精力，也绝不留下任何的遗憾。

7. 心怀感恩，永远战斗在一起

英国作家萨克雷曾经说过：“生活就是一面镜子，你笑，它也笑，你哭，它也哭。你感恩生活，时时笑对生活，生活将会给你阳光。你不感恩生活，只是一味地怨天尤人，那生活给予你的也将是失败和泪水。”

如果将萨克雷的这段话用作对一个感恩型团队的评价，那么狼群无疑就是最适合这段评语的团队——它们一起在冰天雪地里觅食，一起在茫茫大漠中寻找未来，同生共死永不抛弃，就是因为它们都有一颗感恩的心。

美国的罗斯福总统就常怀感恩之心。据说有一次家里失盗，被偷去了许多东西，一位朋友闻讯后，忙写信安慰他。罗斯福在回信中写道：“亲爱的朋友，谢谢你来信安慰我，我现在很好，感谢上帝：因为第一，贼偷去的是我的东西，而没有伤害我的生命；第二，贼只偷去我部分东西，而不是全部；第三，最值得庆幸的是，做贼的是他，而不是我。”对任何一个人来说，失盗绝对是不幸的事，而罗斯福却找出了感恩的三条理由。

可以说，罗斯福的成功很大程度上就是因为他有一颗感恩的心。而企业管理者们也需要明白的是，塑造一个和谐奋进的企业团队是离不开感恩的——跌宕起伏才会让人生更绚丽多姿，学会感恩，用一颗感恩的心去看待每一位团队成员，慢慢就会发现有时候别人对于自己的批评与责备其实也是因为关心和爱护，那么这个企业团队就会成为一个温暖的大家庭，也是一个焕发出巨大活力的团队。

那么，企业管理者该怎么做，才能够打造出一支懂得感恩的“军队”呢？

(1) 活在痛苦中的人，都是活在过去的生活阴影中不能自拔的人。

狼群在创造胜利的道路上，从来都不会为惨痛的昨天留下的记忆痛苦，而是丢下痛苦的包袱和战友们一起冲向前去。因为它们知道，活在痛苦中是无法为团队做出更多贡献的，相反还会为团队的发展带来很大的负面影响。

人生不如意之事多如牛毛，在事业中也同样如此。有很多的企业团队成员，在遭受了几次失败之后，便失去了继续拼搏下去的勇气——他们整日里唉声叹气，抱怨自己也抱怨别人，总是觉得自己是团队中最痛苦的人，却从来没有过一点感恩情怀。可以说，团队里有他们这样的人，简直算得上是世界上最“痛苦”的团队——痛苦的人越多，团队越弱势。所以，要想让自己成为一名优秀的企业管理者，就应该教导自己的员工心怀感恩，不要总是活在人生的阴影里，要勇敢积极地走出失败的阴影，和大家一起并肩向前去创造胜利。

（2）要学会感恩，就必须学会拒绝私利。

吃独食的狼，是不会在狼群中长久待下去的，因为它们破坏了狼群中的一项重要集体生存法则——拒绝私利，诚心为狼群做事。

拒绝私利，这对于任何一个人来说都是很难做到的事情，毕竟在世界上能够不为利益所动心的人并不多。然而，那些很难拒绝私利的人，都往往栽在了那一点蝇头小利上，因为私利就是一种眼前利益，拿了私利的人都是只看眼前而不看未来的“鼠目寸光”之人，他们不懂用长远的眼光看待问题。

正因如此，企业管理者就必须教导自己的团队成员，不要总是只看眼前，要学会拒绝私利——做自己该做的事情，拿自己该拿的东西，这是一个优秀团队成员的行为标准。

【智慧点评】

忠诚是对于誓言的坚持，是对于感恩最好的诠释。狼群中最珍贵的能力不是打败竞争对手，而是忠诚。可以说，忠诚是狼群一直保持团队一致的最关键因素。在竞争激烈的商海中，每一个企业团队都会经历各种困难，而困难正是对团队成员忠诚度的最好考验。所以，当企业团队在陷入发展困境之时，有时出现一些人员上的流失也不见得是一件坏事，因为留下来的都是对团队绝对忠诚的人，他们才应该是企业团队的根基。更为重要的是，忠诚能够让一个人更好地融入到企业团队中去，因为忠诚会让一个人在进入团队之后努力地去工作，找到自己在团队中的位置，实现个人与团队的完美融合。所以，任何想打造一支充满狼性且懂得感恩的“铁军”的企业管理者，就必须要让每一个成员都更快更好地融入到企业团队中去，让他们更忠诚于企业团队，把企业当作自己的家庭。

8. 狼群永远不会窝里斗

狼群中永远不会发生窝里斗的情况，因为它们总是将更多的精力放在如何猎杀更多的猎物上。

古往今来，无论是组织，还是个人，失败的源头都在内部。对组织来说，窝里斗、内耗加大了溃败的进程——最大的敌人在组织内部。显然，一个团队的成员如果热衷于相互琢磨，有“窝里斗”的行为，就会分散精力，使内部关系紧张，这样又如何能齐心协力，共谋大事呢？防止“窝里斗”，制止内耗，保持内部协调一致，是企业管理者们的重要任务。为避免集体内部出现纷争，需要果断地对制造内讧者严加惩治。

台湾长荣船运公司的掌门人张荣发，带领本公司员工奋发向上，创造了辉煌的业绩，被人誉为“海上之帝”。他在管理下属方面的艺术也丝毫无愧于此“帝”位，堪称一绝。

有一次，一艘长荣船在海上遇到风浪，急需找附近停靠点暂避，但船上负责人对走哪个航向发生争执。按理说，危急时刻，大家应服从统一指挥，但船上几名大副之间互不服气，取笑对方经验不足，要求按照自己的建议开船。这样，船在风雨中摇晃了一个小时，才得以开动，幸好险情没有发生。

得知此事，张荣发非常愤怒，内部争吵贻误时机之事最易导致危险，甚至有可能船毁人亡。他决定严加惩治，将不服从统一调遣的部下一律免职。通过这样的方式，长荣集团有效避免了内部纷争，全体员工站到同一战壕里，开动着长荣之船迅速前进。

有的公司，内部派系林立，尔虞我诈，互相倾轧；对上司争先恐后擦皮鞋表忠心，对下属则划分敌我，厚此而必薄彼；流言飞语，飞短流长；投机钻营，争风吃醋；“大报告”充斥假大空，虚应故事；“小报告”方见真章，暗箭难防；人事频繁变动，终年人心惶惶；个个无心工作，须防有人整人……弄得整个公司乌烟瘴气，人人灰头土脸，心情郁闷，在无谓的内耗之中消耗了大量的精力和时间，公司的工作效率和经济效益受到严重影响，甚至走向衰落和垮台。

对此，企业管理者要抓好团队作风建设，并在管理中推行正确的经营管理理念。

(1) 企业管理者要处理好集权与分权的关系。过于集权，大小权力集于一身，不利于调动各部门的积极性；也会由于面临事务太多，不免不了解情况，如果偏听偏信，就会造成冤假错案；过于分权，各部门各行其是，形成多个小的权力中心，易于造成拉帮结派以及与之相伴随的一系列弊病。

(2) 企业管理者要为人正派，作风民主，光明磊落，坦诚布公，头脑清醒，平易近人。当你不喜欢听奉承话、不爱听谗言、不偏听偏信、不亲近小人的时候，那些心术不正之人就无隙可乘。

(3) 有法可依、有法必依、违法必究，以“法治”代替“人治”。只要做到制度健全、赏罚分明，就可以使公司上下都明确什么是对的，什么是错的；什么该做，什么不该做；做对了如何奖，做错了如何罚。这样一来，“公道自在人心”，就可以避免模棱两可乃至黑白颠倒了。

(4) 企业管理者一定要有意识地建立一支作风正派、纯朴实干的干部队伍。在一个团队里，“纯朴”的人不懂“捣鬼”，“实干”的人没有时间和精力去“捣鬼”，这样的干部自然也就作风正派了。

【智慧点评】

对于企业来说，最可怕的就是窝里反，很多事情是自己人提供情报，勾结外人，然后才会被人一枪打中，因为弱点只有自己人清楚。制止“窝里斗”的首要措施，就是严厉打击那些敢于出头挑起“窝里斗”的少数人。此外，管理者应努力为自己的部下营造一个和谐的氛围，让他们在一个团结一致的集体中安安心心地工作。

9. 狼群都是乐观的队伍

乐观是狼群最称职的领路人，因为它永远能够让狼群走出失败的阴影。

罗曼·罗兰曾经说过："快乐开朗的性格不仅可以使自己经常保持愉快的心情，而且可以感染你周围的人们，使他们觉得人生充满了和谐与光明。"

毫无疑问，狼群就是由一个个乐观的家伙组成的，它们不会为了逃走的猎物而伤心，更不会为了流失的队友而迷惘，因为它们天生乐观，总是相信自己会猎取更大的猎物，能够获得更好的队友加盟。

拉布说："乐观幽默是生活的救生圈。"同样，在工作中，乐观幽默的心态能够给任何一个企业团队带来更多的发展机会，能够让他们承受更多的压力，让企业团队在濒临覆灭的时候得到拯救。因为，乐观的心态能够激发团队的潜能，让团队产生巨大的能量，从而战胜一切，走出困境。

美国前总统里根小时候非常乐观，但是，他的弟弟却是个典型的悲观主义者，常常为琐事而担忧，感到无限的忧虑。他的父母希望改变悲观的弟弟，于是，他们做了一些事情：送给里根一间堆满马粪的屋子，送给忧虑悲观的弟弟一间放满了漂亮玩具的屋子。过了一会儿，爸爸妈妈走进了弟弟的屋子，发现弟弟坐在角落里哭泣，满屋子的玩具似乎都没有动过。爸爸询问弟弟哭泣的原因，弟弟哭着说，他不小心把一个玩具弄坏了，因害怕父母亲的责骂而哭泣。

父母亲牵着弟弟的手，来到了里根的屋子，打开门一看，发现里根正很高兴地用一把铲子挖着马粪。里根看到父母亲进来了，便高兴地叫道："爸爸，你看这里有这么多马粪，那附近应该会有一匹漂亮的小马，因此，我一定要把这些马粪清理干净，这样小马一会儿就来了。"

长大之后里根做过报童、好莱坞演员、州长，最后成了美国总统，他是第一位演员出身的美国总统。在里根的成长过程中，他乐观积极、不忧虑的性格造就了他最后的成功，而里根的乐观也使他得到了美国人民更多的喜爱和拥护。

里根的乐观成为他成功路上的助推器，相反，悲观、忧虑则成为他弟弟前进道路的障碍。那些忧虑的悲观者，看到的往往都是事情的灰暗面，即使在百花盛开的花园里，他所看到的也只是枯枝败叶；而内心充满希望的乐观者看到的却是满园春色。

从里根总统的事例中我们可以得出这样一个结论：乐观是成功的奠基石，只要你拥有了乐观，成功就随时有可能降临在你头上。事实上，对于企业管理者而言，你只有打造出一支充满狼性且乐观向上的队伍，你才能够让自己的企业做大做强。

那么，企业管理者们该怎么做才能够打造出一支充满狼性且乐观向上的企业呢？

(1) 让员工们学会用不同的视角看问题。

从前，有一个老太太有两个女儿，大女儿卖雨伞，小女儿开洗衣店。老太太整天因为天气的问题发愁。下雨天的时候，她为小女儿的生意忧愁，因为洗好的衣服无法晾晒。而晴天的时候老太太则为大女儿的生意担忧，因为雨伞在晴天的时候不好卖。一天一个邻居看到老太太愁眉不展，就对她说："大妈，其实你应该这样想，晴天的时候，你应该为小女儿洗衣店的红火生意而感到高兴，下雨的时候，你可以为大女儿生意好而高兴。"听了邻居的话之后，老太太恍然大悟，从此之后不再因为天气的原因而发愁了。如果你不能让你的员工们学会用不同的视角看问题，那么你的员工们就会像这位老太太一样，总是处在悲观的情绪之中。

(2) 不要把自己的负面情绪"传染"给整个团队。

任何一匹狼在战斗之时都会产生恐惧心理，但是它们总是会将恐惧紧紧地掩藏住，从来不会让战友们在自己的脸上读到恐惧两个字。因为，它们清楚地知道：不管自己多么的恐惧，都不能让战友们也跟着恐惧，当大家都在战斗中感到恐惧的时候就会露出破绽，从而给了对手击败狼群的机会。

对于企业管理者来说，当你们在工作中遇到困难之时，当你们在工作中遇到挑战之时，不管你们内心对于困难和挑战有多么的恐惧，你们也应该努力让自己镇定下来，更不要把自己的悲观情绪“传染”给整个团队。而不要把自己的恐惧“传染”给整个团队，关键就是要保持一颗“平常心”，做到喜怒不形于色，就能够让整个企业团队在困难与挑战面前无所畏惧。

【智慧点评】

一个人的情绪决定着他的命运。经常拥有正面情绪的人一辈子都会拥有好福气，因为他们凡事都会往好处想。正面思考有利于形成乐观、积极的性格；正面思考让人变得更豁达，更有包容性；正面思考会给人带来重新站起来的力量；正面思考可以给人带来无限的希望。凡事多往好处想，是一种积极的正面思考。只要你愿意去培植这种情绪，积极思考便能发挥奇效。乐观、积极、热情、自信、勇敢、决心、耐心……当这一缕缕积极思考的阳光普照你的内心时，这一切将会唤醒人们与生俱来的积极思考的品质，从而产生巨大的力量，并最终推动自己的企业发展。

10. 善于思考，做杰出的团队领袖

网上有这样一个故事：

有一天，一位老人，带着他的孙子和驴子，从乡下到城里去。老人让孙子骑着驴子，沿着公路旁走。经过的路人看了指指点点。老人听到有人指责小孩不懂得孝顺老人家。他和孙子商量后，决定自己骑驴子，以免人家说闲话。

走了不久，又有一班人对他们指指点点。这一次，他们认为老人家不知廉耻，竟然自己享福，让小孩受罪。老人和孙子左右为难，于是他们决定一起走路，不再骑驴。

但是走了不久，还是有人对他们指指点点。那些路过的人笑这对祖孙是傻子，一点脑子都没有，有驴也不骑。老人和孙子觉得人家说得也对，于是

决定一起骑驴。祖孙两人骑着驴子走了一段路后，发觉路过者纷纷摇头。原来他们认为这老人和小孩真残忍，竟然两人共同骑在一只弱小的驴子上，让驴子负荷过重。

老人和小孩觉得人家说得也对，但是既然先前所做的都不对，不如索性扛着驴子走吧！于是祖孙两人扛着驴子走。就在他们越过一座小桥时，两人同时失足，连人带驴，一起掉入河里，淹死了。

很明显，这一对可笑而又悲情的祖孙俩都是不会思考的人，如果他们能够想通其中的各种“弯弯绕”，不去理会其他人的话，那就不会出现这样的悲剧。好在，这只是一个故事。可是，在我们的现实生活中，类似于这祖孙俩的人并不少，就连被视为高智商人群的企业管理者中，也有不少人会犯这祖孙俩的错误。其实，犯这样的错误的根本原因，就是不善于思考，不及时动脑子，去做出清楚的判断。

所以，那些希望未来成为杰出商业领袖的企业管理者，就应该谨记这祖孙俩的悲剧，多向头狼学习——头狼往往是狼群中最沉默寡言的那一位，它不说话却不代表着它的大脑也处于休眠状态。恰恰相反，头狼之所以大多时候都沉默寡言，就是因为它总是在思考，思考着整个狼群的未来，因此狼群极少犯错误，而善于思考就是头狼完美领导狼群的一个重要成功因素。

那么，作为一名企业管理者该如何做才能够像头狼一样，做一个善于思考的领导者呢?

(1) 凡事多问自己几个问什么。在激烈的市场竞争中，如果企业团队管理者缺乏缜密的思考，凡事不多问自己几个为什么，那么考虑问题就会太过简单，最后因为工作做得不够仔细而产生一些损失。更为重要的是，凡事多问自己几个为什么，能够让企业团队管理者更好地去思考，成为一个善于思考的团队领路人。

(2) 多给自己一点儿压力。合理的给予自己一点压力，就是给予自己一些思考的动力，让自己成为一个爱动脑子的企业团队管理者，在工作中变得非常善于思考，从而让企业团队创造更为辉煌的未来。

【智慧点评】

作为一名企业团队的管理者，千万不要让自己的思维停滞下来，因为当你的思维停滞之时就是团队裹足不前的时候。不论何时，不论何地，你都一定要清楚地知道：你如果不去思考，整个团队就会失去方向，所有的计划、方案可能都会停下来，未来也将变得十分遥远，因为你就是整个团队中的大脑。

第六副　艺术面孔

拥有高超商业艺术，筑起强大的商业帝国

如果你是一个不懂任何商业艺术的人，那么你终其一生也可能只是一个小生意人，因为你不懂得商场上打拼的真谛；如果你是一个清楚了解任何商业艺术的人，那么你可能终其一生都是商场上的大赢家，因为你就是商场上最厉害的人。对于一名企业管理者来说，你若想成为叱咤风云的商业领袖，那你就必须掌握各项商业艺术，等到你在商场上迎来了“进可攻，退可守”，笑看商海潮起潮落的那一天，你就已经筑起了强大的商业帝国——你就是那个帝国的国王，因为你掌握了纵横天下的超级本领！

1. 生意经很重要，道德经更重要

如果你是一个认为道德经比生意经更重要的人，那么你可能连个小商小贩都做不好，更别提成为一名纵横商场的商业领袖了，因为做一次买卖只需要交易两个字就可以，而你要想一生都做好生意，那你就必须在买卖两个字前面加上道德两个字，生意越大，对道德的要求就越高——你要想成为全世界最大的餐饮企业领导者，那你的每一个餐厅里都不能出现地沟油的影子；你要想成为全世界最大的酒类饮品制造商，那你就不能想着偷偷用小厂家的酒去代替真品……

总之，说一千道一万，对于那些立志于成为世界顶级商业领袖的企业管理者而言，生意经很重要，但道德经更重要。

巴菲特对自己行为举止的道德要求标准是：“我父亲霍华德告诉我，不要做不能登到报纸头版上的事情。”事实上，巴菲特对他的所有员工也是这样要求的。过去的五十多年里，巴菲特每隔两年就会给伯克希尔旗下所有公司经理人发份备忘录，第一个要求每一年都是相同的：“我们所有人都要继续满腔热情地捍卫伯克希尔公司的名誉。我们做不到尽善尽美，但是我们将全力以赴争取尽善尽美。就像我过去 25 年在这些备忘录里一直在说的那样：‘金钱上的损失，甚至是非常大的金钱损失，我们承受得起。但是，名誉上的损失，甚至是一丝一毫的名誉损失，我们也承受不起。’我们必须坚持不懈地按照两个标准来衡量每一个行为：不但保证是合法的，而且还要保证，即使是一位充满敌意的记者报道我们的这一行为，而且发表在国家级报纸头版头条上，我们也会感到高兴。”

巴菲特的黄金搭档芒格也曾这样说：“越道德越赚钱。我们当然也是更加喜欢赢利而不是亏损。但是我们不会以任何方式操纵财务报表，让我们报表上的赢利数字更加好看一些。这是一种和当下潮流完全不同的道德节操。

从理智层面来看，我认为我们伯克希尔公司比绝大多数公司都更加努力地争取做到理性。而且我认为我们比绝大多数公司更加努力争取做到有道德、有节操——这意味着一说真话，二不乱搞。现在伯克希尔公司员工超过十七万人，我敢打赌，我现在坐在这里时，他们之中至少有一个人正在做坏事，让我感到非常懊恼。然而，尽管有些人会乱来，我们这么大一家公司，过去几十年里，极少发生什么诉讼或者丑闻之类的事情，少得令人觉得不可思议。人们注意到了这一点。当然，要了解自己做事的真实动机是很难的。但我愿意相信，即使做生意讲道德并不会让我们多赚钱，我们也会做事很讲道德。每隔一段时间，我们就会有一次机会这样做，即使不赚钱也讲道德地做生意。但更多的时候是，我们由于很道德而多赚了很多钱。我们的经历表明，本杰明·富兰克林说的话是对的。他并没有说诚实是最好的道德品质，他说诚实是最好的为人处世之道。”

李嘉诚认为，做人跟做生意一样，必须有自己坚守的原则。诚信，就是商人必须恪守的一个底线。他说：“我对自己有一个约束，并非所有赚钱的生意都做。有些生意，给多少钱让我赚，我都不赚……有些生意，已经知道是对人有害，就算社会容许做，我都不做。”

(1) 输不起的生意不做。

在做任何生意以前都必须考虑清楚，如果你输了，那么你是否输得起，输不起的事情你最好别做。面对眼前的利益诱惑，如果要破坏自己的诚信才能得到，还是不要为好。

(2) 给自己留一张底牌。

做生意就像赌博，你要给自己留一张底牌——信誉。如果你的信誉没了，到了摊牌的时候，你就真的一无所有了；相反，那些手中握有“信誉”底牌的人，还能借助良好的关系，从头再来。

(3) 有所为也有所不为。

古人云：“勿以恶小而为之，勿以善小而不为。”不要因为利润少就不去做，也不要因为风险小就去做，更不能在损害信誉的情况下还去赚钱。一个商人要谨记：违背道义的事情坚决不能做。

(4) 别夸大自己的成就。

许多人喜欢吹牛，常常不自觉地把自己所得到的成绩任意夸大。问题是，夸下海口的时候很舒服，但是过后往往有如芒刺在身的感觉，长久下去会造成很大的心理压力，包括有朝一日被人戳穿，难以下台的困窘。因此，做人坦诚一些、谦虚一些，压力自然少一些，离成功也就更近一些。

【智慧点评】

“小胜在智，大胜在德”，想赢两三个回合，赢三五年，有点儿智商就行；要想做大生意，想一辈子都赢，没有“德商”绝对不行。德能聚人，德能聚智，德能聚财。小财靠智，大财靠德，德不厚，无以载物。所以，我们作为一名企业管理者，就必须明白：生意经很重要，但是道德经更重要。

2.“绵里藏针”的处世绝艺

“绵里藏针”表现为寓刚于柔、柔中有刚的处世智慧，表现为在待人接物过程中既有原则性、斗争性，又有宽容亲和的态度。这样做的好处在于，我们展现给对方的是刚柔相济、宽容亲和的形象，能够有效协调人际关系，使自己赢得成功。

对于企业管理者来说，“绵里藏针”这一处世绝招对于他们来说可谓是十分的有用——不论是客户、合作伙伴还是员工，你都得懂得“绵里藏针”，如果你从一开始就表现得锋芒毕露，那么别人就很有可能不敢跟你打交道太深。所以，作为一名企业管理者，你必须掌握“绵里藏针”这项处世绝艺。

美国南北战争时期，有一位名叫高尔顿的将军，很有军事才干，可是他毫无城府，爱放大炮，不但使上司颇为难堪，自己也失去了不少人缘，被同事们称为“军队内部的战争贩子”。

有一年，高尔顿到斯科菲尔德军营观看演习，他对这次演习非常不满，就直接向指挥官递交了一份措辞激烈的意见书。他的这种做法是纪律所不允许的，因为他只是一名少将，无权指责一名中将指挥官。这样一来，他便招致了上司的非议和怨恨。

但高尔顿并未吸取教训。第二年，在观看了一场战术演习后，他又一次递交意见书指责指挥官和其他人员训练无素，准备不足，没有达到预定的目的。虽然这次他很明智地请副官代替自己签了名，但其他军官心里很清楚，知道这又是他搞的鬼，所以联合起来一致声讨他。

众怒难犯，司令官没有办法，只好把这位爱放大炮的高尔顿从少将的位置上撤下来。

一个人如果处处锋芒毕露，很容易得罪他人，为自己的前进制造阻力。这种阻力很有可能是来自多方面的，会让你分散精力，最终很难到达预期的目标。

《三国演义》中的刘备起初并没有自己的地盘和人马，但是他非常有心计，在各路诸侯面前隐藏自己的锋芒，这是因为他掌握了绵里藏针的处世技巧。

刘备一心想赢得天下，但是他的实力非常弱小。在担任徐州牧的时候，还被吕布夺去徐州和小沛，连栖身之地都没有，最后他不得不到许昌投奔曹操。

当时曹操挟天子以令诸侯，势力非常强大，可以说是权倾朝野。在许昌，汉献帝确定了刘备“皇叔”的身份，得到了重视，并被封为左将军。但是刘备非常清楚自己的遭遇，也很明白曹操的野心。为了避免被对方猜忌和谋害，刘备采取了隐忍的策略，一心在自己家里的后园种菜。

有一天，曹操邀请刘备饮酒，谈论起当今天下的英雄。曹操问刘备心目中的英雄人物，刘备列举了袁术、袁绍、刘表、孙策、刘璋、张绣、张鲁、韩遂等人。但是曹操却否决了他的看法，认为这些人根本称不上英雄。接着，曹操用手指着刘备和自己说：“今天下英雄，惟使君与操耳。”刘备听了大吃一惊，连手里的筷子都落到地下了。恰好当时天空有雷声响起，刘备于是说自己是被吓得，最终躲过了曹操的猜忌。

这就是著名的“青梅煮酒论英雄”，在这里刘备收敛锋芒、藏而不露，是一种明智的选择。就这样，刘备以绵里藏针的处世技巧保全了自己。

人们年轻的时候大多性格刚烈暴躁，这对我们为人处世是不利的。随着生活的磨炼，个性中增加了柔顺的因素，从而使我们日渐成熟起来。所以，我们要注意培养绵里藏针的心计，做到能进能退，能屈能伸。

而这，对于企业管理者来说，也是十分重要的。

(1) 懂得隐藏自己的才华和野心。古代一些政治家，面对自己处于劣势、被别人吞并的危险，常常采取绵里藏针的策略，即把自己的志向、才能隐藏起来，不引起别人的注意和攻击。这是一种有效的行动策略。

(2) 避免自吹自擂。一个人如果到处炫耀自己的才华，那么就容易引起别人的反感和猜忌，这样自然遭到嫉妒和打击。所以收敛锋芒、掩藏才能，才是明智的选择。

【智慧点评】

“绵里藏针”是一项每个企业管理者都必须掌握的处世绝艺：只有学会了“绵里藏针”的处世方式，你才不会遭人嫉恨，更不会引来别人的恶意伤害。不过，“绵里藏针”一定要注意那个“针”字，很多人在为人处世的过程中往往只记得那个“绵”字，等到想起“针”字的时候，已经被别人从自己身上占了很多的便宜。

3. 左手有德，右手有才

企业不断壮大发展，事业越来越大，企业管理者不可能事必躬亲，当然也不应事必躬亲。这时候，企业管理者就需要委托自己信得过的人来协助或代为自己去处理。然而，怎样的人才算是靠得住、信得过。

靠得住、信得过包含两个意思：一是他是否胜任，是否有能力承担这项任务，是否有能力代为企业管理者处理这样的事；二是这个人是否品德有保障，是否对企业管理者忠心耿耿，是否愿意为企业管理者出力、卖命，为企业管理者排忧解难。

这里涉及人才选择的标准，到底是品德优先，还是能力优先。

当然，所有企业管理者都希望自己选择的人能够是德才兼备之人，毕竟谁都想“鱼和熊掌”都能要，但万一“鱼和熊掌，不能兼得”时，企业管理者该如何做决断。

三国时，一代枭雄曹操首先提出了选才标准：唯才是举。曹操曾经多次下令，公开向全国求贤。他针对东汉选官的积弊，以无畏的胆略，摒弃“德行”“名节”“门第”等选才标准，提出了唯才是举的选人标准，极具个性。

他要求各级官吏，要不拘微贱，不拘品行，勿废偏短，把那些具有真才实学的人统统推荐上来。

曹操实践了他对人才的重视和爱惜，把人无完人、慎无苛求的思想，把才重一技、用其所长的思想，把只用人才、不用庸才的思想推向顶峰。

应该说，曹操更注重“才”。

而我们现在一般把人分为四等，依次为：有德有才、有德无才、无德有才、无德无才。这体现了中国传统的“德本才末”的观点。换句话说：“可靠比有能力更要紧。”

这两种观点侧重点截然不同，企业管理者一般更重视“德”，尤其是其选择心腹时，更加重视“德”，即看他是否忠诚，若是不忠，不管他有无能力，也不能给你帮什么忙，甚至会帮倒忙。因此企业管理者应更注重“德”方面的因素。

一位企业管理者说：“用错人和没有人用，哪一种情形更可怕？没有人可用，会造成人员的欠缺，影响工作的进行，相当可怕；用错了人，把工作的过程弄错，结果一团糟，甚至留下一大堆后遗症，更加可怕。”

德才兼备的人有时就在我们的眼皮底下，作为企业管理者，要善于发现身边的人才，把真正的人才放到合适的位置上，往往能给我们的事业带来大的发展。养成多与手下的人沟通的好习惯，不要总是听身边几个人的，有时不妨关注一下平时被我们忽略的角落，也许你会有新的发现。

【智慧点评】

很多的企业管理者在追求德才兼备的人才之时，往往是费了很大的劲儿却落得一个一番徒劳的下场。究其根本原因，就是只顾着要求别人德才兼备，而忽视了对自己的要求。企业管理者在选人用人的过程中，不仅仅是自己要做出选择，别人也是要做选择的。如果你是一个“宁可天下人负我，不可我负天下人”的管理者，那别人又怎么会选你呢？有时候，要想招募到合适的人才，企业管理者还得注意自身的情况。

4. 你必须了解的五种危机处理方法

普林斯顿大学的教授诺曼·R.奥古斯丁说：“每一次危机本身既包含导致失败的根源，也孕育着成功的种子。发现、培育，以便收获这个潜在的成功机会，就是危机管理的精髓。而习惯于错误地估计形势，并使事态进一步恶化，则是不良的危机管理的典型。简言之，如果处理得当，危机完全可以演变为‘契机’。”

所以，你要想成为举世瞩目的商业领袖，那你就必须懂得解决危机的方法。下面，就是五种常见的危机处理方法。

（1）以诚相待。

强硬的态度只能导致企业与公众对抗升级，英国著名危机管理专家里杰斯特尤其强调实言相告的原则。他指出越是隐瞒真相越会引起更大的怀疑。一旦外界通过种种手段了解到某些事实真相，将会使企业陷于非常不利的局面。

（2）借势反弹。

当危机降临时，往往对企业形成巨大压力。企业要摆脱危机，消极躲避是避不开的，因而要主动出击，但如果硬碰硬，则有被危机压垮的危险。这就需要巧以应付，把危机所形成的不利态势巧妙转化形成反弹之势，这样不仅能摆脱危机，还可反败为胜。

(3) 休眠法。

①在危机面前保持清醒的头脑，可以等待、观望、不去做冒险的事情，可以避免危机扩大造成损失。

②进入休眠状态时，大力缩小企业的经营范围，可以节省大量的开支，使企业能够在危机中渡过现金危机，减少银行的不良债务，这样就在银行界树立了良好的信用，为今后的发展打下了基础。

③在休眠中最重要的，是要保留企业的核心。这个核心不是指企业豪华的总部大楼，而是指跟随企业几十年的人才和企业的其他重要方面。“留得青山在，不怕没柴烧。”企业的核心保住了，企业的前途和命运也就保住了。

④休眠过后，时机一到，看准后立即动手。

(4) 化敌为友。

化敌为友也是一种以退为进的方法。企业的危机来自“敌人”时，如不能战胜它，可考虑采用此方法。

一般来说，企业在化敌为友时要注意以下几点：

①敌是否能化。

②在化敌为友时要注意技巧，讲究方法，其中最重要的是以诚动人，讲清道理。

③化敌为友，要真正地把敌人化为朋友，才能达到解决问题的目的。

(5) 自揭其短。

自揭其短也是一种以退为进的方法。揭露自己的短处，不是目的，而是为了向后退一步摆脱危机，然后大步向前。

一个企业如果因为自己的缺点而遭遇危机，如果想要彻底摆脱危机，必须痛下决心，与自己的缺点彻底决裂。只有这样，才能在你死我活的市场竞争中获得新生。

【智慧点评】

泰山崩于前而色不动，猛虎踯于后而魂不惊。沉着就像一把尺子衡量着一个企业的成熟与否，遇事越沉着，离成功也就越近。冷静地正视失败，冷静地分析形势，冷静地权衡利弊，冷静地找出解决问题的办法，那么，危机后的成长就有了必备前提。危机的出现并不可怕，可怕的是企业经营者临阵惊慌失措，手忙脚乱，缺乏应变能力，不能及时处理发生的危机，不能采取有效的解决办法和补救措施。企业管理者面对危机最需要的就是沉着冷静的心理品质。人在危急时容易恐惧、紧张、行为失措，结果只会错上加错，雪上加霜。因而，只有冷静下来，人的智慧才能"活"起来，才能寻找到摆脱危机的办法。

5. 放人一马，团结一致

处理好各方面的关系，需要懂点糊涂学。对员工，严格管理是必要的，但是有时候也需要睁一只眼闭一只眼，能够放人一马。

一天晚上，禅师到院子里散步。走到墙角的时候，他发现平时很平整的地面上多了一块石头。他立刻明白是不守规矩的徒弟爬到墙外去玩乐了，这对于寺院来说是很严重的事件，要么禁闭一年，要么勒令出寺，或者杖责一百。

禅师很生气，但是当他正要喊人来的时候，又立刻止住了。他提醒自己，应该用更有效的方法处理这件事，既可以惩罚徒弟，又可以让他从此不会再犯错。

于是，禅师坐在那块石头上，等徒弟归来。半夜时分，徒弟摸着黑从墙外翻进来，双脚正好踩在禅师的肩膀上。禅师把惊魂未定的徒弟轻轻放下，对他说："天这么晚了，快回去睡觉吧。"

徒弟无地自容地低着头走了，而禅师睁一只眼闭一只眼，没有把这件事告诉任何人。第二天，徒弟见到禅师的时候，满面羞愧；禅师却一如平常，就像什么事情也没有发生。

故事的结尾是这样的：这位半夜翻墙出外游玩的小和尚，从此刻苦用功修行，当禅师故去的时候，他接替师父的位置成为寺院的住持。

历史上，宋太宗是一个心胸开阔的人，他能够容忍大臣的一些过失，所以实现了有效的国家治理。孔守正被封为殿前虞侯，有一次他和大臣王荣陪伴皇上喝酒。两个人喝得大醉，就当着宋太宗的面争抢秋季守卫边境的功劳，结果完全失去了君臣的礼仪。在当时，这种行为是“大不敬罪”，按照法律应该交给有关部门治罪，但是宋太宗没有这么做。

第二天，孔守正和王荣清醒过来，听别人说起自己在皇帝面前的失礼行为，吓得出了一身冷汗。于是两个人一起到金殿上向宋太宗请罪，但是宋太宗若无其事地说：“我当时也喝多了，有许多事情根本记不起来了，你们不用在这里打扰我了。”就这样，宋太宗糊里糊涂地化解了一场不必要的误会。

领导在下属面前是要讲究威严的，特别是对皇帝来说，大臣的一点小毛病或冒犯都会招来罪过，更不要说在酒宴上胡作非为了。宋太宗故意装糊涂，免除了下属的过失，不但使对方心怀感激，更显示了为人处世、统御下属的高超本领。

为人处世，明确目标很重要，明确是非标准也很关键。但是，牵扯到人的因素，问题就复杂起来，需要讲求策略才能把事情处理得圆满。面对别人的过失，特别是无心的错误，学会装糊涂，而不是斤斤计较，不但让我们心里少了睚眦必报的紧张，也给对方留下了回旋的空间，何乐而不为呢？

在与员工相处的过程中，放眼望去，很容易看到别人的不足、失误，企业管理者要帮助员工改正那些影响公司发展的不良习惯和做事方法。而对那些无足轻重的缺点，一些人之常情的东西，不妨视而不见。

有时候，员工或高层管理人员犯了错，只要没造成恶劣影响，只要对方意识到了自己的失误，只要符合人性的一般逻辑，老板也不妨放他一马。这样做，更能体现出你的人情味，对方牢记在心，更能对你感恩戴德。

事实上，放人一马容易。但是对企业管理者们来说，最困难的工作则是让员工凝聚向心力，互相合作。道理很简单，无论朝向哪里，只要大家都能努力奋斗，那就总能赢。

那么，企业管理者们除了放人一马之外，该怎么做才能够让大家都团结一致呢？

(1) 个人再强大也敌不过团队，个人唯有融入高效的团队才能光芒四射。对每一位企业管理者来说，指挥好自己的队伍，才能把自己的商业才华施展出来，才能把自己的创意思维呈现出来。

(2) 作为一个团队，目的应该是统一和一致的，合作应该是无私的，是需要具备奉献精神和拿来主义的，需要团队里的人都不吝惜拿出自己的个人能力。当然，开口请求正当的帮助也是必需的。也许，在这种合作的过程当中会有争吵，甚至会很激烈，那是一种非常态的合作，一些灵感或者火花就是在争吵中迸发的。

好的团队绝不是随随便便凑合在一起的乌合之众，而是为实现一个共同的目标，按照必备的条件，经过严格的招聘挑选而组织起来的精干队伍。团队成员的特质主要应考虑以下几个方面：忠诚、能力、积极的态度、多做一点点的精神、信心、意志力。

一个企业管理者，几个员工，再加一间小屋，几个人同心协力，白手起家，终于独占鳌头，成就自己的事业大厦，这样的例子在富翁中数不胜数。

他们的成功靠的是企业管理者与员工同甘共苦、患难与共的创业精神。在这种情况下，上下的心往一块想，劲往一处使，还有什么困难克服不了？又怎么不会使他们成功呢？

一位企业管理者说：“一个企业在遭遇困难的时候，上面的领导者要挺住，下面的员工也要挺住，只有这样，企业才能走出困境。而当企业处于困境时，领导者尤其要身先士卒，做好榜样，带给下属自信与保障。如果作为企业领导的你，能够与下属员工同甘共苦、和衷共济，那么相信你管理的企业也是一个讲究团结、能够战斗的团队。”

【智慧点评】

没有人不会犯错。对待他人的错误，要看犯错的影响如何，当事人是否意识到了自己的失误并有悔改的念头。如果对方无心犯错，并怀有深深的歉意，那么我们不妨原谅他，不把抱怨留在自己心里，这实际上也是在放过自己。另外，除了放人一马之外，企业管理者在团结员工的时候，还应该想出更多的办法——只有将员工团结在一起了，你才能够让自己的企业赢得更好的发展机会。

6. 隐晦表达，一种高明的管理艺术

人们都喜欢连绵起伏的山脉，喜欢苏州园林景中有景的美妙，因为它们都通过含蓄和隐晦的形式传达出事物的价值，而不是以直白的形式。在交谈的过程中，过于直白会显露我们语言的苍白无力，会让对方感觉到突兀，所以隐晦表达成为一种有效的谈话技巧。

宋太祖即位以后，手握重兵的两个节度起兵反对朝廷，后来经过艰苦的斗争才平定下来。这件事给宋太祖很大警示，他找到宰相赵普商量对策。赵普说："藩镇权力太大，就会使国家混乱。如果把兵权集中到朝廷，天下就会太平无事了。"宋太祖非常赞同赵普的意见，决定削弱地方的兵权。

过了几天，宋太祖在宫里举行宴会，石守信、王审琦等几位老将都来了。大家酒过三巡，开始无话不谈。宋太祖示意身边的太监退出去，然后和大家干了一杯酒，接着说："没有大家的帮助，我不会有今天的地位。但是你们可能想象不到，做皇帝也有许多苦衷啊，有时候还不如你们自在。说实话，我好久没有睡过安稳觉了。"

大家听了知道里面隐含着内情，就问其中的缘由。宋太祖仍旧不动声色："人们都说高处不胜寒，我站在现在的位置上已经感觉到寒意了。"石守信等人知道宋太祖担心有人篡夺他的皇位，非常害怕，于是站起来跪倒在地上："现在天下已经安定了，没有人对陛下三心二意啊！"

宋太祖摇摇头说："你们和我南征北战，我自然信得过。但是如果你们的部下为了攫取高位，把黄袍披在你们身上，会出现什么情况呢？"石守信

等人听到这里意识到大祸临头，连忙害怕地求饶："我们愚蠢，没有过多考虑，请陛下给指条明路吧。"接着，宋太祖让他们做地方官，添置足够的房产安度晚年，最终消除了大家的兵权。

宋太祖没有采取军事行动消除将帅手中的权力，而是在酒宴上与大家交谈，通过隐晦的方式表达出自己的意图，使大家知难而退，达到了预期的目的。这就是隐晦表达的技巧，它考虑到对方的心理认同，以绵里藏针的方式达到了目标。

学会隐晦表达，能使我们给对方留有回旋的余地，使自己保持谦逊的姿态，在人际交往中实现良好的互动。一些人说话过于直白，往往把他人逼进死胡同，使彼此的关系僵化。所以，掌握隐晦表达的技巧，能够使我们成为交流的高手。那么，对于企业管理者来说，怎么样去掌握这一技巧呢？

(1) 学会理解言外之意。含蓄表达，不仅需要采用合字法来理解，而且还必须经过相当复杂的转化方才能体会其中的妙境。所以，我们要能够理解语言之外的东西，理解对方的深意。

(2) 掌握必要的谈话技巧。说话是有技巧的，一件事情采用不同的表达方式会收到不同的效果。隐晦表达注重的是在措辞、谈话时机上的选择和拿捏，并准确把握对方的心理诉求。我们需要学会察言观色，做个"精明"人。

【智慧点评】

对于企业管理者来说，掌握隐晦的表达方式，的确是非常重要的。试想一下，如果你总是一个直脾气，见了员工想说什么就说什么，那是不是会引起一部分员工的不满。就算你是对的，可是有时候方式不对也会伤害别人，所以有时候就得使用隐晦的表达方式，这样不但不会伤害到别人，起到的警示作用可能还会更好，因为你保全了别人的面子，没有伤害到别人的自尊。

7. 工作无小事，你必须做好细节

“战场上无小事。”这是西点军校的军官的传统观念。很多时候，一件看起来微不足道的小事，或者一个毫不起眼的变化，却能改变一场战争的胜负。这就要求每一位军官和士兵始终保持高度的注意力和责任心，始终具有清醒的头脑和敏锐的判断力，能够对战场上出现的每一个变化、每一件小事迅速做出准确的反应和决断。

“战场上无小事”也同样适用于企业，适用于公司的每一个人，上至企业管理者，下至员工，都要遵守。因为，工作中没有小事。可以毫不夸张地说，现在的市场竞争已经进入到细节制胜的时代。不论是企业的内部管理，还是外部的市场营销、客户服务，细节问题都可能关系到企业的前途。

一个公司往往每天需要做的事，就是每天重复着所谓平凡的小事。一个公司有再宏伟、英明的战略，没有严格、认真的细节执行，再英明的决策，也难以成为现实；任何一个战略决策和规章法案，都要想到细节，重视细节，任何对细节的忽视，都可能导致决策失误。

特别是执行环节，不仅要细致到位，而且也要注重执行过程中的创新与突破。这种执行环节的创新虽然与整体方案的创新相比更加细微，但正是这细微之处更能显现效果。

在前苏联卫国战争期间的一次战斗中，有一位哨兵被派往前沿阵地侦察敌情，他奉命警惕地观察着阵地前那片树林的动静。那天的天气不太好，不停地刮着寒风，树林中密密的树枝随风摆动着，发出阵阵沙沙的声响。

忽然，他发现有一个树枝不是顺风向而倾斜，而是逆风而立。他感到非常奇怪。按照常理来说，树枝是不可能逆风而立的。这其中一定有其他的什么原因。他仔细想了片刻，意识到前方很可能有德军埋伏。于是，他连忙给部队发出了炮击的信号，引导苏军的炮火轰击树林。事后，清扫战场时果然发现了一些德军的尸体。

原来，有一小批德军士兵正潜伏在苏军阵地前的小树林里伺机偷袭。可在潜伏过程中，有一个德军士兵感到疲劳，他把身上的水壶解下来挂到了身旁的树枝上。正是这个水壶的重量使树枝弯到了逆风方向。那个苏联的哨兵及时发现了这一反常的现象，从而怀疑有敌人埋伏，最终确保了阵地的安全。可怜的德军士兵，直到临死的那一刻，也未能知道自己究竟是如何被发现的。

从这个事例中我们不难看出，苏联哨兵通过常识判断和合理的逻辑分析，出色地完成了侦察任务。而他的成功之处，就在于他具有良好的思维能力，发现对方细节上的弱点，从一个不太明显的现象中发现其背后隐藏的奥妙，并最终赢得了战斗的胜利。

千里之堤，溃于蚁穴。有时候让我们功败垂成的不是强大的敌人，而是被我们不屑一顾的细节。俗话说得好：落叶知秋，窥一斑见全豹。重视日常管理的细节，表面上是小事一件，事实上是在确保大事的彻底执行，能够精准掌握执行细微之处，就可以减少不必要的意外与慌乱，也唯有小事处理得好，大事才有着落。

注重细节，就要勤动脑，勤动手，力求把所有的事情秩序化、规范化、流程化，就要比别人花费更多的工夫和精力。但并不是每个企业管理者都能做到的。人的精力到底有限，经手的事情太多，眼前来看，好像面面俱到，未出纰漏，其实是漏了很多好机会。所以，一个优秀的企业管理者，要时时刻刻保持战战兢兢、如履薄冰的心态，抓大事不忽视小事，放眼全局不忽视细节，这样才能保证在市场上立得住，立得稳。

【智慧点评】

有一首民谣是这么唱的："丢失一个钉子，坏了一只蹄铁；坏了一只蹄铁，折了一匹战马；折了一匹战马，伤了一位骑士；伤了一位骑士，输了一场战斗；输了一场战斗，亡了一个帝国。"做好细节，也是一门高超的商业艺术。做好细节，这一重要的理念不仅仅需要员工遵从，更需要企业管理者带头去遵从。换句话说，只要一家公司有一个精益求精的老板，就会有一群精益求精的员工。

8. 不能未雨绸缪，只能坐以待毙

2006 年 4 月，长江商学院组织马云、牛根生、傅成玉等一批名字响亮的 CEO 拜访李嘉诚，后者对这些企业家的寄言简单而有力："你的市场必须要靠自己建立起来。"在李嘉诚看来，企业的生死不是由市场决定的，而是由企业家本人左右的。一个商人能不能在市场竞争中生存下来，乃至取得卓越的成绩，完全依赖于商人的开拓意识，以及对危机的体察能力。

对于任何一个企业管理者来说，生意好的时候，要想想自己曾经的艰难，想想如果此刻出现挫折，应该如何应对。这个世界，好事不会永远围着你，获利的机会也是有限的，重要的是要有清醒的头脑，未雨绸缪，提前做好防范工作。

1860 年 9 月，英法联军逼近北京，咸丰皇帝急忙带着亲信逃到热河避难；而恭亲王奕䜣则留下来与侵略者讲和，最终签订了屈辱的《北京条约》。第二年，咸丰在热河病死，6 岁的载淳即位，并由端华、载垣、肃顺等"赞襄政务王大臣"辅佐幼主管理国家。

当时的那拉氏（小皇帝的母亲）看到自己大权旁落，就马上联络奕䜣商议对策。咸丰帝的灵柩要从承德运往北京，于是那拉氏故意让肃顺负责护送，而自己则和七大臣先回到京城。接着，那拉氏与奕䜣联合起来，把载垣等人革职问罪，并派兵马在途中逮捕了肃顺。这就是近代历史上著名的"辛酉政变"，而那拉氏就是后来的慈禧。

那拉氏面对时局的改变，没有坐以待毙，而是提早行动，最终使自己占据了有利地位。作为历史上的政治斗争，这种未雨绸缪的心计是非常残酷的。但是在个人成长的过程中，我们要善于提前给自己谋划，早日行动，这样才能使自己保持稳定的发展。

许多人总是埋怨机遇不愿光顾他的门庭，却未将注意力放在自己的事先谋划和积极准备上。事实上，做任何事情都需要我们事先动手、打下基础，如果没有这一步，想要获得成功只能是坐以待毙了。

“机遇无亲，常予善人”，在获得成功的道路上，种种意外难以避免。因此对于每一位企业管理者来说，一定要善于未雨绸缪，提前做好充分的准备。

那么，企业管理者如何做好“未雨绸缪”这项重要工作呢?

(1) 制订详细而周密的计划。一个周密的计划可以使我们从容做出各种行动，出现问题的时候可以采取灵活有效的应对措施。比如“危机应急计划”“风险管理计划”都是常见的描述方式。

(2) 学会调整自己的心态和预期。行动的时候固然要志在必得，但是行动的过程中要谨小慎微，力争做好每件事，把事情做到位、做到实处，而不是玩弄花架子。而行动的过程中一旦出现意外情况，要采取积极主动的应对措施，而不能抱怨和埋怨。

【智慧点评】

美国篮球名将乔丹曾经说过：“机会是为有准备的人而准备的。抓紧所有的时间，让力量发挥到极致，那些斑斓多彩的机会，就会一个个来到这些人面前了。”因此，我们要在做事前有充分的准备，避免手忙脚乱。只有善于未雨绸缪，对各种可能发生的情况有充分的思想准备，才能增加我们获得成功的概率。

第七副　创新面孔

活着就是为了改变世界，难道还有其他原因吗

比尔·盖茨说过：“我的致富奥秘在于创新、创新、再创新。微软距离破产永远只有18个月。”史蒂夫·乔布斯说：“领袖和跟风者的区别就在于创新。活着就是为了改变世界，难道还有其他原因吗?”你如果想成为一名出色的企业领袖，那么你就不能走跟风路，而是要不断地创新——只有坚定不移地去创新，时刻秉持“创新为王”的竞争信条，你才能够在强敌环伺的商海中杀出一条血路，才能打造出令全世界为之瞩目的超级企业，并让自己成为引领社会与时代发展潮流的传奇商业领袖。

1. 成为一名合格的创新型企业管理者

著名经济学家厉以宁说：“当今世界，商业的核心是高新技术。商家竞争的成败在很大程度上取决于产品的技术含量，而产品的技术只有取得法律的保护才能在市场获取更大的、持久的经济效益。”

天冷，冷在风里；人穷，穷在债里；企业亡，亡在没有活力。要知道，企业最大的活力之源就是创新。创新，不但能够让企业保持产品的技术优势和市场优势，也能够让公司的员工信心满满，从而使企业焕发出无与伦比的超强竞争力。

欧莱雅是法国的一家生产护发剂和化妆品的公司。之前的发展历程中，它一直是一家不起眼的企业，因为没有人觉得这样一家生产普通产品的公司具有多大的发展前景。然而，就是这样一家不被看好的企业，却很快成了享誉全球的世界顶级化妆品公司。原来，欧莱雅的管理层一直将技术创新当作企业发展的最大动力源，他们在研制新产品方面的投入一直非常巨大。比如说，他们为了实验染发剂在世界各地的不同气候下的使用效果，在实验大楼里设立了“赤道阳光”“英国浓雾”“北极寒冬”等不同的模拟环境来实验新产品。再比如，欧莱雅公司采用了与美国研究月球地形设备相同的仪器，用来研究人类的脸部皱纹的产生情形。而像这样耗资惊人、设备先进、不断吸收创新人才的研发项目，在欧莱雅公司还有很多。可以说，正是在创新方面的不断投入，使得欧莱雅一步一步成了世界顶级化妆品企业，并在进入21世纪之后成为全球的第一大化妆品生产企业。

墨守成规是尘世间最大的囚笼，它能够锁住一个团队创新的步伐；因循守旧是世界上最无情的枷锁，它能够锁住一个团队的创新思维。企业团队若想取得成功，也需要懂得在变化中求发展，在创新中得实利—— 一个成功的企业团队，必须是懂得创新的集体，他们不会重复去走老路，不会拾人牙慧，更不会跟在别人的后面争取一些残羹剩饭。更为重要的是企业团队是否能较快发展，往往取决于他们的创新能力。所以，提高企业团队的创新能力对于管理者而言，只能用四个字形容——“刻不容缓”。

日产汽车公司总裁卡洛斯·戈恩曾经说过：“我希望每一个部门的主管或经理们都能够意识到，自己作为一个团队的管理者，就必须为整个团队的发展竭尽所能，要做一名合格的团队管理者，不要总是为自己的利益着想，你的工作好坏关系到很多人的职业前景。”

做一名合格的公司创新团队管理者并不是一件很容易的事情。很多员工能够在被管理岗位上认真工作，但是一旦被提升到管理岗位上的时候，却不再像之前一样对待工作和其他团队成员，而是把管理当成一种可以驾驭他人的权力。

可以说，这样的做法是非常错误的，也不是一个合格的团队管理者所应有的认识，而且基于这种认识给团队发展所带来的危害也是非常大的。因此说，任何一支合格的公司创新团队都有一名合格的管理者。

那么，他们该如何做才能够让自己成为一名合格的创新型企业管理者呢？

(1) 明白自己的职责，绝不滥用手中的权力。一旦管理者滥用手中的权力，就很容易引起其他成员的不满，并引发矛盾，最后整个团队像一盘散沙，把很多事情做坏。

(2) 让自己变得比之前更出色。只有团队管理者表现得更出色，整个团队对于他的信服力才会越高，他的威望也就越高——要打造一支富有凝聚力的创新团队，就必须有一个有很高威望的优秀团队管理者。

(3) 端正态度，尊重每一名团队成员。团队管理者一定要明白：你不尊重团队成员，团队成员就不会尊重你，在一个缺乏尊重的集体里，根本不会产生团结精神。

【智慧点评】

创新就是生产力，创新就是竞争力——任何一个没有创新力的公司都不可能从这个竞争白炽化、利润越来越微薄的竞争时代顺利突围。所以，作为一名企业管理者，就应该简化思维，秉持“创新为王”的先进发展理念，尽自己最大的努力去提升公司的创新意识与创新能力，让整个公司从上到下都保持强烈的创新热情，从而让公司在勇于创新的同时踏上辉煌的发展轨道，最终成为市场上最有影响力的公司。

2. 创新必须要有丰富的想象力

创新就是要让想象力最大化地发挥自己的功效，以实践检验的方式让想象力转化为创新力量。

拿破仑说过：“统治世界的是想象力。”

一个宁静的夏日午后，索尼公司创始人盛田昭夫在林荫道上散步，偶然间一抬头发现另一位创始人井深大就走在前面。不过，令盛田昭夫感到非常意外的是，井深大耳朵上套着一副大耳机，手里还拎着一个很笨重的录音机。

于是，盛田昭夫就追上去问井深大为什么这样散步。井深大告诉他说：“我想听着音乐散步，但是又怕打扰别人，只好这样子了。”

听了井深大的话后，盛田昭夫脱口而出：“我们是不是一直在封锁自己的想象力呢？为什么不生产一种可以随身带着听的产品呢？”

……

这就是曾经风靡全球的“随身听”这一产品构想的萌芽，敢于发挥想象力的盛田昭夫立马让技术人员缩小录音机的零件，制造出了当时世界上最小的录放机。第一批录放机投放市场的时候，预计会卖出十万台，结果是第一年就卖出了四百万台，此后更是统治了全球“随身听”市场。

如果一个企业管理者不能够发散思维，只会一味苦干，那么他的公司肯定不会成长为一家有影响力的大公司，因为不能发散思维就不会成为一个会创新的优秀管理者。

1946 年，宾夕法尼亚大学穆尔电子工程学院的两位教授 J.普斯培·埃克特和约翰·W.莫茨利，成功地研制出了世界上第一台电子计算机 ENIAC。在 ENIAC 诞生之初，它的用途被限定为军事产品。

但是，当 ENIAC 问世之后，IBM 公司却认为电子计算机在商务领域会发挥更大的作用。而且，当时的 IBM 公司的管理层对于 ENIAC 只被限定为军事产品的做法感到很开心，因为在他们看来，任何一次创新都不应该被某一些缺乏眼界的定义给束缚住，而是应该“更有想象力”，积极地将创新成果推向每一个可能带来发展机遇的领域，才会让创新获得更高的价值。

1953 年，IBM 公司推出了自己的第一台电子计算机 IBM701，结果是产品一投入市场马上成了紧俏商品，而且也成了商业多用途计算机主机的制造标准。此后，IBM 接着又推出了 IBM702、IBM703、IBM704、IBM705 等获得巨大销售业绩的优秀产品，并且在创新的道路上越走越远，最终成为计算机领域的“蓝色巨人”。

世界著名管理学大师杰克·韦尔奇曾经说过：“一个优秀的创新者肯定有很强的联想能力，能够发散自己的思维，让自己找到很多的创新点。”

当电冰箱这一高度成熟的家用电器在美国普及之后，美国的电冰箱制造商都遇到了同样一个非常棘手的问题：“大家制造的冰箱质量都差不多，利润率低，竞争对手多，该怎么才能从市场上突出重围呢?”

然而，就在美国人苦苦寻找答案之际，日本人已经给出了答案。日本电冰箱制造商们推出了微型冰箱，人们惊喜地发现，冰箱这个家用电器竟然还可以出现在办公室里、越野车上等人们都需要却没人想得到的地方。因此，在日本人生产的微型冰箱开始大肆瓜分美国电冰箱市场的时候，美国电冰箱制造企业才感受到创新的力量，才明白做产品就要积极地发散思维，努力创新，不要只让自己的眼光停留在某一点上，而是应该展开联想力，拓展思维，尽可能去创新产品，开发新的市场，从而让“老产品”焕发新活力。发散思维，创新未来，这应该是每一个企业管理者都明白的硬道理，因为不会发散思维，不积极地去进行创新，那么自己的公司就没有什么好的发展前景。

【智慧点评】

对于每一名企业管理者而言，创新就是要敢于放飞想象力，不要总是害怕失败，只要敢于去将自己的想法付诸实施，就有可能获得新的成功。因为，任何一次创新的成功都是没有先例可循的，只有让想象力与实践碰撞出火花，产生良好的相互作用，才会赢得创新的成功，最终生产出能够统治市场的优质产品。

3. 独具慧眼，勇于创新

何为创新？对于企业而言，创新就是要发现新事物、寻找新路径、发展新思维、提炼新技术以及创造出真正具有创新意义的伟大产品。因此，每一位企业管理者就必须明白：创新就是要拥有一双慧眼，发现别人发现不了的，干出别人干不出来的，如此才能够在创新的道路上越走越远，也越走越辉煌。

事实上，面对大多数人都予以否定的事物，我们不妨开动脑筋，多加思索，然后用自己的智慧和创新，对其加以改变，从中发现别人所没有发现的东西，便可能取得意外的收获。

美国得克萨斯州有一座很大的女神像，因年久失修，当地州政府决定将它推倒，只保留其他建筑。这座女神像历史悠久，许多人都很喜欢，常来参观和照相。推倒后，广场上留下几百吨的废料：有碎渣、废钢筋、朽木块、烂水泥……既不能就地焚化，也不能挖坑深埋，只能装运到很远的垃圾场去。200 多吨废料，如果每辆车装 4 吨，就需要 50 辆车，还要请装运工、清理工……至少得花 25000 美元。没有人为了 25000 美元的劳务费而愿意揽这份苦差事。

斯塔克却独具慧眼，竟然在众人避之唯恐不及的情况下，大胆将差事揽在自己头上。因为在他看来，这些废物却是无价之宝。他来到市政府有关部门，说愿意承担这件差事。他说，政府不必费 25000 美元，只需拿 20000 美元给他就行了。他可以完全按要求处理好这批垃圾。

合同当时就签下了。斯塔克还得到一个书面保证：不管他如何处理这批废物垃圾，政府都不得干涉，不能因为看到有什么成果而来插手。

斯塔克请人将大块废料破成小块，进行分类：把废铜皮改铸成纪念币；把废铅废铝做成纪念尺；把水泥做成小石碑，把神像帽子弄成很好看的小块，标明这是神像的著名桂冠的某部分；把神像嘴唇的小块标明是她那可爱的嘴唇……装在一个个十分精美而又便宜的小盒子里。甚至朽木、泥土也用红绸垫上，装在玲珑透明的盒子里。

更为绝妙的是，他雇了一批军人，将广场上这些废物围起来，引来了许多好奇的人围观。大家都盯着大木牌上写的字："过几天这里将有一件奇妙的事情发生。"

到底是什么奇妙事？谁也不知道。有一天晚上，士兵松懈，有一个人悄悄溜进去偷制成的纪念品，被抓住了。这件事立即传开，于是报纸、电台、广播纷纷报道，大加渲染，立即就传遍了全美。斯塔克神秘的举动引起了人们极大的好奇心。

这时，斯塔克开始推出他的计划。他在盒子上写了一句伤感的话："美丽的女神已经去了，我只留下她这一块纪念物。我永远爱她。"

斯塔克将这些纪念品出售，小的 1 美元一个，中等的 2.5 美元，大的 10 美元左右。卖得最贵的是女神的嘴唇、桂冠、眼睛、戒指等，150 美元一个，都很快被抢购一空。

斯塔克的做法在全美形成了一股极其伤感的"女神像风潮"，他则从一堆废弃泥块中净赚了 12.5 万美元。

对于能大胆创新并独具慧眼的人来说，赚钱或成功的机会几乎无处不在，哪怕是面对一堆废墟，也能从中看到常人见不到的商机。当然，这种善于发现并创造机会的本领并不是每个人都有，重要的是要想常人所不想，独辟蹊径。

那么，企业管理者们该怎么做，才能够"独具慧眼"呢？

(1) 绝不自我设限，勇于开拓创新。

可口可乐公司前副总裁塞尔希奥·奇曼曾经说过：“我们需要不断地去开创新局面，我们要让公司的商标摆在全球任何一个国家的市场上，我们决不能给自己设限，因为这会严重阻碍我们的发展。”而在进行创新的时候，我们需要正确地评估自己，但是不需要为自己设限，因为创新从来没有极限。

曾经有人做过一个这样的实验：他将一只跳蚤放进了一个玻璃杯中，刚刚放进去的跳蚤马上跳了出来。再重复了几次之后，结果还是一样的。根据测试，跳蚤跳的高度一般可达它身体的400倍左右。接下来实验者再次把这只跳蚤放进杯子里，不过这次是立即同时在杯上加了一个玻璃盖，“嘣”的一声，跳蚤重重地撞在玻璃盖上。跳蚤十分困惑，但是它不会停下来，因为跳蚤的生活方式就是“跳”。一次次被撞，跳蚤开始变得聪明起来了，它开始根据盖子的高度来调整自己跳的高度。再过一阵子以后，发现这只跳蚤再也没有撞击到这个盖子，而是在盖子下面自由地跳动。一天之后，实验者把这个盖子轻轻拿掉了，它还是在原来的这个高度继续跳。三天以后，他发现这只跳蚤还在那里跳。一个礼拜之后发现，这只可怜的跳蚤还在这个玻璃杯里不停地跳着，其实它已经无法跳出这个玻璃杯了。

可以说，又有多少的创新者不是这样的一只“跳蚤”呢？他们在创新中每遭遇一次挫折，便给自己设定一个限制，结果是遭遇的挫折越多，设定的限制也就越多，最终他们就跟这只可怜的“跳蚤”一样，再也无法在创新之路上取得更高的成就了。很多时候，我们不敢在创新的道路追求更多的成就，不是因为我们没有实力去实现更伟大的成就，而是因为我们从内心为自己设置了一个“高度”，这个“高度”就是一道阻碍，一个限制，并且在我们的潜意识里留下了这样的印象：那些伟大的成就与我无关，因为这是没有办法做到的。

(2) 用“不可能”的目标来激励自己。

管理学大师杰克·韦尔奇说：“我们发现，只要我们敢于朝着那些看似不可能的目标不懈地努力，最终往往会如愿以偿。哪怕我们最后没有实现这一目标，我们也会发现，最终的结果肯定远远比我们预想的要好得多。”

那些看似不可能完成的目标，往往在努力了之后才发现是可以完成的。用“不可能”的目标来激励自己，其实就是唤醒自己大脑中沉睡的挑战意识，让自己敢于向着更高的目标进发，勇攀创新高峰。当然，也有一些目标是真正不可能完成的，就算自己没有实现，也不应该责罚自己。重要的是，要看到自己在实现目标的过程中学到了多少有用的东西，自身的创新能力得到了多大的提升。

【智慧点评】

世界首富比尔·盖茨曾经说过：“硅谷中有很多的天才，我之所以称他们为天才，绝不是因为他们有着出色的技术水平，而是因为他们的脑海里有着很多可以创造巨大价值的、稀奇古怪的想法。而且他们有兴趣、有勇气去实现这些想法。”创新就是创造未来，这是任何一企业管理者必须永远坚持的经营理念——始终坚持创新的精神永不衰退，把每一次成功的创新都当作继续创新的新起点，而不是将其看作是创新的终点，就能够让自己在成为一个创新高手的过程中更独具慧眼，创造出更多的创新成就。

4. 好的机制诞生创新的沃土

阿里巴巴董事局主席马云说：“我们公司内部换一个经理，所有人都要辞职。仔细去研究发现，组织部很厉害，中央党校灌输党的价值体系、组织部管人，效果很好。由此，阿里建立了自己的阿里学院，建立集团的组织体系。中央副省级以上由中央组织部集中管理，后来我们改成总监以上由集团直接管理，越管越靠谱。我们今天换一个总监，换一个副总裁很方便，这样的机制才能可持续发展。”

“革新机制，创新发展”，这一发展理念已经是绝大多数现代公司的共同认识了。因为，任何一家公司在机制创新方面的投入不够多，公司发展机制一直停留在过去的模式当中，都会在这个创新发展速度飞快的市场中惨遭淘汰——老化僵硬的发展机制就像一道生锈的枷锁紧紧地套在公司的脖子上，使得公司的创新发展速度始终无法提起来，最终导致公司在激烈的市场竞争中因为创新步伐过慢而被淘汰。所以，每一位企业管理者要想在当前这个竞争惨烈的市场中突围而出，就必须秉持“革新机制，创新发展”的理念。

联想集团总裁兼CEO杨元庆说：“如果说技术创新是新经济的动力之源，那么组织管理创新则成为核心问题之一。技术创新的加速要求组织创新与之相匹配，而合理的组织构建可以促进企业技术创新进程，从而更有利于培育企业核心竞争力。”

联想集团作为中国最具创新力的知名公司，其不但有着先进的自主创新机制，而且还有着非常强大的自我完善能力。

那么，联想集团是如何不断完善自主创新机制的呢？

(1) 组织公司内部的各级研发部门与创新单元全部参与，同时还有联想学术委员会的业界权威专家及院士等成员参与进来，对联想的自主创新机制提出各种宝贵意见。

(2) 联想集团建立了以各部门专利管理人员为基础的专利管理模式。从而有效保证了由统一的专利管理机构从宏观上、从公司的总体研发发展方向上部署整个公司的专利战略，也使得联想集团的自主创新机制进一步完善。

(3) 联想集团设置了以中央研究院、先进系统设计中心、创新设计中心为龙头的公司级研发平台和由各事业部研发中心组成的事业部级研发，它们之间良性互动形成的“上拉下推”的动力保证公司的自主创新机制不断完善，从而使得联想集团的研发能力和创新能力不断提升。

《基业长青》的作者吉姆·科林斯说：“伟大的公司要想生存，必须拥有一个持久的观念。这种观念必须从属于整个公司，即使有远见的领导人与世长辞，这种所谓的伟大观念也会永存。这种观念并不是围绕着一个人或一个产品，而是围绕着一个决定了公司发展目标的机制体系建立起来的。”

创新绝不是一朝一夕就可以完成的，也不是制造出一两件新产品或提炼出一两种新技术就值得收手的——创新，是公司长期发展的命脉之一，只有建立了长效创新发展的机制，公司才会一直快速稳定地发展下去，并制造出震惊世界的产品和技术。

因此，对于企业管理者来说，要想让自己的公司在创新方面取得不一般的成绩，那就必须建立长效创新发展的公司机制。

那么，公司在建立长效创新发展机制的过程当中，企业管理者们需要去注意哪些地方呢？

（1）要有很强的针对性，必须突出创新主体。

（2）进行思想建设，狠抓落实，才能够让长效创新机制合理运行下去。

（3）要增强系统性，这是建立健全创新长效机制的重要基础。建立健全创新长效机制，是一项系统工程。因此，一定要坚持系统配套。

【智慧点评】

管理学大师彼得·德鲁克说："出色的创新机制是企业增加利润的重要环节，那些在世界上有很大影响力的公司都有不错的创新机制。"出色的创新机制制造出色的企业，这已经是现代企业都认可的一个"真理"。但是，现在依然有很多人并不注意培养和完善公司的创新机制，作为公司的最高管理者，他们对于公司创新机制的轻视往往会带来堪称灾难性的结果——仅仅是在中国市场上，每年因为创新机制不完善而倒下的中小公司就超过上千家，据国家统计局发布的最新数据显示，截至2014年10月底，中小企业倒闭的就有上千家之多，而这些倒下的中小企业大多数都是代工企业，缺乏创新机制是其最明显的特质之一。因此，对于普通企业管理者们而言，要想打造出一个具有强大创新力的公司，那么就必须建立一个出色的创新机制。

5. 创新就是要敢于冒险还不服输

创新就是要敢于冒险。如果你连一点冒险精神都没有，那你又怎么能够去领导一家创新型企业呢？收益越大，风险就越大，这是亘古不变的道理。你若想享受新产品所带来的超高利润，那你首先就得有承受巨大失败的风险的能力。不过，创新需要冒风险，但创新不是赌博，一家企业如果将所有的希望都压在某一款新产品上的话，那这家企业就可能随时死亡。

1867年9月3日，瑞典马拉伦湖上有只船突然爆发出一声巨响，船身晃动，浓烟滚滚。人们惊恐地喊道："诺贝尔完了，诺贝尔完了!"正当人们要冲进去的时候，从硝烟里跑出来一个面孔乌黑、浑身是血的人，他狂呼着："成功了！成功了！"这就是诺贝尔发明炸药的一段故事。在这之前的四年时间里，诺贝尔进行了四百多次试验。其中一次把实验室炸飞了，他弟弟和他的四名助手当场被炸死。他父亲因惊吓、伤心而卧床不起。周围居民恐惧、抗议并控告他，不准他在市区试验炸药。许多人劝他别再搞这冒险的事了，他说："创造新事物哪能不冒险，但我不怕!"他到湖上去试验并取得了成功。

一个男人到了40来岁才得了个儿子，之所以老来得子是因为他老是担心。恋爱的时候，他担心对方不爱他，好不容易结了婚，又怕妻子难产，不敢让她生孩子。小时候他就这样胆小，他不敢像父亲那样四处打猎，因为他看到了父亲身上的伤痕。村庄里的人靠着打猎、砍柴、采药都过上了富裕的生活，而他就守着附近的几块薄地，过着清苦的日子。他最喜欢说的就是："我还是不要冒那个险的好！"

虽然儿子健健康康，可是他还是担心。儿子可能继承了祖父的优点：天生勇敢喜欢打猎，到了十三四岁就常常上山打猎。父亲总是劝他说："你还是不要冒险了吧！要是遇到了野兽怎么办呢？"他忧虑不止，最后想出一个办法——把儿子锁在屋里，这样就没有什么危险了。为了给儿子解闷，他请人在墙上画了许多栩栩如生的动物，父亲对儿子说："你要打猎就对着画上的老虎和狮子练习吧。"

儿子整天闷在屋子里，觉得特别没意思，越看越生气，对着墙上的猛兽乱打一气，结果手掌都出血了。因为长期没有锻炼，他的抵抗力很弱，不久伤口就发炎并高烧不退。父亲说："我还是不要冒险吧，恐怕医生医术太差。"他在家用毛巾给儿子冷敷降温，这样过了两天，他的儿子就死了。

如果这位胆小的父亲把花在规避风险上的心计用在化解危险上，恐怕情况又不一样了吧。生活中时时处处都有风险，没有绝对的安全。生活在一个相对稳定的环境中，是人的本能；但是，从长远的发展来看，承担一定风险，才能赢得更大、更多的发展机会，使自己的人生和事业有所突破。

同样，在企业创新发展的过程中也是一样的道理。创新就是要敢于冒风险，说白了就是要有不服输的精神。不过，如果大家都将创新当作是一种赌徒式的冒险行为的话，那么还是赶紧停掉手头的创新计划吧，因为你这样的做法会输得很惨。

沃尔玛公司的前任总裁大卫·格拉斯曾经说过："失败并不可怕，可怕的是失去不服输的性格。管理者就应该像狼一样不服输——面对困境，只要我们不服输就有可能获得最后的胜利。"

任何一家公司在创新发展的道路上都会遭遇挫折，而在遭遇挫折的时候就需要企业管理者站出来，勇敢地带领全体员工去进行抗争。但是，不服输的精神对于每一个人来说并不是与生俱来的，那么企业管理者们该怎么做才能够让自己成为一名不服输的管理者呢？

（1）学会微笑着去面对失败。当公司在创新发展的过程中遭遇困境之时，作为企业管理者的你一定不要沮丧，而是应该继续保持微笑——当你微笑的时候，员工们才能够从你的笑容里收获信心，勇敢地去面对失败。

（2）不服输不是盲目地坚持，而是理性地寻找新出路。当公司遭遇失败之时，企业管理者们一定要仔细地去分析失败在哪里，哪里做得不够好，问题该怎么解决——当你理性地去看待失败之时，你就会对成功充满渴望，对失败充满不服气，最后勇敢地向着心中的目标继续前进。

【智慧点评】

如果企业管理者没有不服输的精神，那么当遭遇创新失败之时，他怎么带领员工们重新站起来？所以，对于每一名企业管理者而言，在创新发展之路上遭遇失败之时，一定要告诉自己：失败只不过是暂时走了一段弯路，只要自己能够在困境中激励自己，保持一颗不服输的心，就能够带领整个团队冲破阻碍走向光明的未来。

6. 只有知人善任的人，才能够创新成功

让合适的人待在合适的岗位上，才能够让公司在创新发展的过程中快速前进。

美国钢铁大王卡耐基曾经说过："如果我的公司在一夜之间被大火烧光，只要我的组织人员在，三年之后我还是一个钢铁大王。"

对于每一名企业管理者而言，学会了知人善任，就等于延伸了自己的臂膀，通过安排合适的人才担任合适的职务，就不必再经常拘泥于细小的事物，从而有更多的精力投入研究公司组织发展战略等重大问题上，更好地领导公司开拓前进。

从深层次的角度来看，让合适的员工待在合适的岗位上，不但能够弥补企业管理者们在某一方面的欠缺，还能够为公司培养出优秀的员工，使得公司继续延续之前的辉煌，而这些都在无形之中增强了公司的创新力和竞争力，也是知人善任的价值所在。

在一次宴会上，唐太宗对王珐说："你善于鉴别人才，尤其善于评论。你不妨从房玄龄等人开始，都一一做些评论，评一下他们的优缺点，同时和他们互相比较一下，你在哪些方面比他们优秀？"

王珐回答说："孜孜不倦地办公，一心为国操劳，凡所知道的事无不尽心尽力地去做，在这方面我比不上房玄龄。常常留心于向皇上直言建议，认

为皇上能力德行比不上尧舜很丢面子，这方面我比不上魏徵。文武全才，既可以在外带兵打仗做将军，又可以进入朝廷搞管理担任宰相，在这方面，我比不上李靖。向皇上报告国家公务，详细明了，宣布皇上的命令或者转达下属官员的汇报，能坚持做到公平公正，在这方面我不如温彦博。处理繁重的事务，解决难题，办事井井有条，这方面我也比不上戴胄。至于批评贪官污吏，表扬清正廉署，疾恶如仇，好善喜乐，这方面比起其他几位能人来说，我也有一日之长。”唐太宗非常赞同他的话，而大臣们也认为王珐完全道出了他们的心声，都说这些评论是正确的。

从王珐的评论可以看出，唐太宗的团队中，每个人各有所长；但更重要的是唐太宗能将这些人依其专长安排最适当的职位，使其能够发挥自己所长，进而让整个国家繁荣强盛。

现如今，对于企业管理者来说，是否具有知人善任的能力对于公司的创新发展非常重要——只有那些能够让合适的员工待在合适的岗位上的企业管理者，才有能力带领所有人在创新发展的道路上不断创造辉煌。

那么，企业管理者们该怎么做，才能够拥有知人善任的“超级魔法”呢？

(1) 公司要建立有效的人才评价机制。

公司要想用对人，就必须对人才有着充分的评价了解。公司缺乏一套有效的人才选拔流程，缺少科学的人才选拔方法，人才引进靠关系、靠熟人引荐；急需人员时临时充数，草率引进，结果使得公司经常出现因用人不当产生的问题。因此，企业管理者要想用对人，那么就必须建立一套有效的人才选拔流程，掌握科学的人才选拔方法——要想用对人，前提就是选对人。

(2) 不迷信“海归”空降兵。

随着全球经济一体化浪潮的逐渐深入，中国商业市场上有越来越多的企业管理者喜欢雇用外籍人才或者是“海归”人才，而“海归”由于熟悉中国，就成了中国企业管理者们所看重的“香饽饽”。尤其是一些新兴领域的公司，直接将“海归”人才看作是新思路、新文化、新理念、新技术的代名词，认为只要招聘到这些人才就能够让公司拥有强大的创新力。

不可否认，有很多的“海归”人才的确很优秀，但是也有一大部分“海归”人才并不是那么出色。根据媒体披露的一项调查数据显示，我国的民营公司中的“海归”空降兵两年内的生存期不到17%，集中表现为与老员工之间的冲突，以及对公司文化的不适应。因此，很多公司在招募“海归”人才之后，公司创新团队的力量并没有提升，相反还下降了不少。所以，对于每一位中国公司的老板们来说，要想创建出一支出色的创新团队，就要认真地去筛选人才，而不是迷信“海归”的空降能够马上改变现状。

【智慧点评】

汉高祖刘邦在谈起自己为什么会夺取天下之时说道：“运筹帷幄之中，决胜千里之外，吾不如子房；镇国家，抚百姓，给粮饷，不断粮道，吾不如萧何；连百万之军，战必胜，攻必取，吾不如韩信。此三者，皆人杰也，吾能用之，此吾所以取天下也。”由此可见，企业管理者要想让自己成为汉高祖刘邦一样的领袖人物，就必须拥有超强的领导能力——要善于协调公司中的各种关系，能够让每一名员工都积极地去工作，善于对市场形势做出判断，不断地提升公司的创新力，最终带领公司全体人员在创新发展的道路上快步前行。

7. 创新必须节省，浪费的都是利润

苹果公司创始人史蒂夫·乔布斯说：“让一个企业失去活力，变得死气沉沉的最关键原因就是企业内部的浪费问题，因为企业内部的浪费不仅仅指时间和资金的浪费，还包括人才、资源等浪费，所以企业如果不能够有效地减少企业的内部浪费，那么这样的企业必将是死路一条。”

减控成本，增加利润，一直是公司增加自身实力与规模的有效方式之一，同时也是为公司创新积累丰富资源条件的重要方式之一。因为，每一次

成本减控成功之后赢得的都是利润，而利润能够为公司创新提供坚实的物质保障，有效促进公司创新力量的提升，让公司在这个创新制胜的年代中赢得更多的发展机遇。所以说，低成本本身就是一种创新，低成本策略更是公司创新发展的最锋利武器。

台塑集团董事长王永庆曾经说过：“经营管理，成本分析，要追根究底，分析到最后一点。我们台塑就靠这一点吃饭。”

谈起“台塑大王”王永庆降低成本的本事，就连一些世界知名企业管理大师也都会竖起大拇指进行称赞。王永庆做生意秉持的一个重要理念就是“物美价廉”，不但要让客户感到划算，也要让自己感到划算，所以降低企业经营成本做到物美价廉，一直是王永庆从来都没有改变过的经营信念。

有一次，一名下属将给南亚做的一款塑胶椅子产品的报告单交给王永庆之后，王永庆看着每一个部件花费都罗列得清清楚楚的报告单问道：“椅垫用的 PVC 泡棉 1 千克 56 元，品质和其他的比起来怎么样？价格怎么样？有没有什么竞争优势？”

下属没有回答上来。王永庆又接着问：“PVC 泡棉用什么做的？”下属回答道是用废料。不想王永庆又接着问道：“那么大批量做的话，废料的来源有没有什么问题？”

王永庆在降低公司经营成本的过程中，一再强调，无论如何都必须分析成本在整个项目中的比率，以及各种影响项目成本的因素，只有“追根究底”才能够将成本降到最低。

那么，对于企业管理者来说，该怎么做才能在创新的过程中有效降低浪费呢？

(1) 专门的督导小组让公司经营成本更低。

对于每一个想要将经营成本降到最低、全面杜绝浪费的公司而言，建立专门的督导小组是其降低经营成本的必需选择。因为，专门的督导小组能够为公司降低经营成本、全面杜绝浪费提供有约束力的保障，让每一名员工都有强烈的节约意识，在工作的每一个环节上都注重节约，从而让公司的经营成本更低，拥有更多的创新资源。

一般来说，公司为减控成本成立专门的督导小组之时都应该注意以下几个问题：专门的督导小组的成员都必须由负责任、为人正直的人组成，因为专门的督导小组承担着非常重大的责任，关系着公司的未来发展状况，所以必须选择合适的人员来组成；专门的督导小组在执行任务的时候要从公司的整体利益出发，要有大局意识，因此专门的督导小组成员在执行任务的时候必须做到“铁面无私”，不要顾及某一些人员或者部门的面子与利益问题，该怎么做就怎么做，秉公执法；专门的督导小组成员必须做到公平，不能滥用手中的权力。

（2）做一个深谙节约之道的企业管理者。

任何一家公司要想有丰富的创新资源，首要条件就是要有一个懂得节约之道的老板。因为，每一个奉行节约发展理念的优秀公司，都有一个会赚钱也会省钱的老板——老板就是公司中的标杆，他的一举一动都会对员工产生深刻影响。

那么，每一位公司老板怎么做才会成为一个既会赚钱也会省钱的公司经营者呢？答案是：提升自己的节约意识，要想做一个会省钱的老板，前提是拥有节约意识，让自己在保持合理休息时间的前提下变得更勤劳，不断地提升自己的工作效率，让自己有时间去做好公司成本减控，从而节省出更多的利润。

（3）走精细化发展道路。

知名企业管理咨询专家汪中求在《浪费的都是利润》一书中写道：“精细化管理模式借助于先进的现代管理技术、采用可信度极高的信息支持和生产经营系统整合方式以及技术的掌控对企业的各个生产经营环节进行掌控，以此来提升企业的管理水平和管理效益。”

要为公司积累更多的创新资源、为公司创造更好的创新条件，那么公司在这个微利时代就必须走精细化发展之路。因为，精细化能够让公司节省出更多的利润，还能够让公司的管理更加先进合理、发展更加快速稳定，最终为公司创造出不错的创新环境。所以说，走精细化发展之路，已经成为企业管理者在这个市场年代中的必然选择。

【智慧点评】

“世界股神”沃伦·巴菲特曾经说过：“为社会发展纳税是公司回馈消费者的一个主要方式，也是公司应该承担的社会责任之一。而且，我们的法律也对公司纳税做出了明确的要求，那些逃税的企业管理者都是很愚蠢的人，可他们的愚蠢总是让公司的前途与信誉来埋单。”很多的企业管理者在为公司积累创新资源、追求低成本发展之时，总会以各种手段去实现这一经营目标，为此有一些法律意识淡薄的企业管理者便会选择偷逃税款这一方式。可以说，这种做法无疑将公司推到了悬崖边上，因为以触犯法律的方式去谋求发展的做法是一种自杀式的做法，不但不能给公司带来利润，还会给自己和公司带来“灭顶之灾”。所以，对于每一个期望降低公司经营成本的企业管理者来说，他们在实现这一目标的过程中最应该做的是合理避税，而不是故意偷逃税款。

8. 关注你的品牌，注意品牌创新

一个优秀的品牌能够让一家公司在某一个市场领域内拥有超强的竞争优势，并且一直让公司保持旺盛的生命力——品牌就是公司的生命线，品牌就是公司的发展命脉。然而，很多公司在品牌影响力做大之后却遭遇了轰然倒下的命运，其中最根本的一个原因就是品牌创新意识太差，没有继续有效地扩大品牌价值，使得品牌优势逐渐消失并最终走向失败。所以说，任何一家想成为自己所处行业中的龙头企业的公司，就必须竭尽全力去进行品牌创新——谁的品牌一直都富有竞争力，谁就能够创造属于这个时代的商业神话！

重庆谭木匠工艺品有限公司企业管理者谭传华说：“其实从第一家连锁店建立到现在，我一直在和‘浮躁’较劲。大家都想一举成名，比比皆是的就是浮躁。对于这个问题，我一直在做疏导，我坚持的东西就是——诚实。

所以我的梳子还要继续做下去，我要做全球最好的梳子。”

“谭木匠”现在已经是国内木梳的知名品牌，而其创始人谭传华在建立这一品牌的过程中却赋予了其更多的品牌内涵，以差异化经营的方式和积极创新的做法塑造了“谭木匠”的独特品牌——不浮躁，一心一意地去创新品牌，开拓品牌价值，就能够收获成功。

那么，“谭木匠”的品牌创新的具体内容是什么呢？

(1) 品牌名称的创建一定要符合产品消费者需求的期望。“谭木匠”这个品牌的最初名字有好多个，商标也有好多个，但是都因为不符合消费者需求的预期而表现不好，最后谭传华选择了“谭木匠”这个符合中国消费者对于木梳的消费预期的品牌名称，才使得其生产的木梳有了更大的市场占有率。

(2) “谭木匠”专卖店的设计与选择符合品牌的市场创新推广要求。

(3) “谭木匠”在产品创新研发上有一套精确的指导理念，以不同的材质开拓不同的系列，同时突出民族特色，符合中国消费者的购买习惯，在创新中为品牌增添了不少的文化特色。

“山不在高，有仙则名；水不在深，有龙则灵”——小公司要想成为知名的大公司，就要积极地集中自己的优势走创新品牌发展之路，只有创建了良好的品牌，才能够获得更巨大的发展推动力。

那么，对于企业管理者来说，在进行品牌创新的过程中要注意哪些问题呢？

(1) 如果没有清晰的创新目标，那么品牌创新终究只是一个白白地浪费金钱与精力的商业游戏。

苹果公司董事比利·坎贝尔曾经说过：“苹果是我值得用一生去拥有的公司，因为我们把创新做到了极致，苹果这一品牌已经成了创新的代名词，而苹果的品牌之所以如此有影响力，就是因为我们在品牌创新过程中一直都有清晰的目标。”

任何公司在进行品牌创新的时候，首先要明确一个清晰的创新目标。一般来说，品牌创新目标的确定一定要和公司的战略目标相吻合，在公司战略目标的基础上再梳理出品牌创新目标，这样就能够保证未来公司的发展和品牌创新建设相一致。通常，品牌创新目标确定之后，应该再进一步根据品牌创新目标与公司品牌现状之间的差距，做好品牌构架以及品牌延伸等方面的工作，最后实现品牌的创新成功。

⑵ 在品牌接触点上赢得消费者的青睐。

在品牌接触点上赢得消费者的青睐，也就是说要让品牌的含义更加的丰富，满足更多的消费者的心理需求，让不同类的消费者在接触到品牌之时都能够得到自己想要的东西。所以，任何一家公司在品牌创新的过程中，都应该在增加公司品牌接触点上下足功夫，以此来吸引更多的消费者。

那么，在品牌接触点下功夫具体需要做些什么呢？答案是：多角度传播品牌产品信息，将产品的好处清晰地传递给消费者，通过宣传角度的变换来改变品牌的接触点，从而吸引不同的消费者来体验产品；产品的实际接触阶段应该认真做好服务，让每一名消费者体会到产品的良好功效，从而激发消费者的购买热情。

⑶ 品牌创新要注重品牌文化建设。

美国著名品牌专家唐·舒尔茨曾经说过："品牌是最复杂的企业行为之一，也是最耐久的行动之一，同时也是最脆弱的企业资产之一。但是，品牌一旦有了文化力量的支撑，就会变得不那么脆弱。"

公司在进行品牌创新之时，一定要注重品牌文化建设。因为，失去了品牌文化支撑的品牌即使成功，也是昙花一现式的成功，绝对不会在市场上存留太多时间。那么，对于一名企业管理者而言，在进行品牌创新之时如何才能做好品牌文化建设呢？

首先，众所周知，品牌是公司形象的综合体现，而为品牌注入优秀的文化内涵，就必须突出企业文化、突出公司的品牌发展理念，从而让品牌文化建设更加成功。其次，不断挖掘品牌文化的深度，用品牌文化功能、品牌文化手段来优化品牌创新推广的各个环节，达到促进品牌创新培育的目的。再次，品牌文化建设要坚持开放原则，因为只有坚持这一原则，企业文化建设才会更有生命力——让品牌走进市场，了解消费者的需求，了解行业文化潮流，才能够促进品牌文化的整体发展，有助于产品走向更广阔的市场，从而培养出消费者最喜欢的知名品牌。最后，优秀的品牌文化建设要突出对产品推广的促进作用，要能够提升产品的知名度。

【智慧点评】

美国可口可乐公司的创始人阿萨·坎德勒曾经说过："即使我的企业在巨大的灾难面前损毁，只要我的牌子还在，只要我的商标还在，我就能马上恢复生产。"每一名企业管理者需要谨记的是：创新品牌，延长品牌寿命，关键就是要突出品牌的特色，为品牌赋予深刻的文化内涵，让产品具有清晰的市场定位和强大的市场竞争力，才能够让品牌获得更好的发展前景。

9. 要做"创新之王"，那你必须有效率

"创新之王，效率为先"，这已经成为企业管理者们的共识，因为只有兼具高效率的创新才能够为公司的发展带来巨大的推动力。在当前这个拼创新力的市场环境中，凡是遭遇发展困境的公司都是创新力不强的公司，其创新力不强的最主要因素就是创新效率太低。所以说，任何一个因为创新力不强而挣扎不前的公司，现在最需要做的一件事情就是不惜一切代价提升公司的创新效率。

生产工作效率缓慢，公司收益率增长缓慢甚至出现负增长，并逐步陷入发展困境当中，这是任何一位企业管理者都不愿意看到的景象。所以，对于那些陷入发展困境当中的公司而言，最好的选择就是提升公司生产工作效率，尽快改变目前的不利现状。同时，提升公司生产工作效率也能够增强公司的创新力，因为提升生产工作效率的一个重要方式就是创新。

所以，对于那些正处在创业艰难期的企业管理者而言，最应该做的事情就是马上去提升公司效率——效率就是竞争力，效率就是创新力，效率就是公司走出发展泥潭的主要推动力之一。

那么，对于企业管理者来说，该怎么做才能够在创新的过程中进一步提升公司的运营效率呢？

（1）摆脱“穷忙”的标签。

苹果公司的现任CEO蒂姆·库克说：“很多的公司都会陷入越忙效益越差的怪圈中去，苹果在20世纪90年代的时候也是这个怪圈中的一员，表面上看管理实在太混乱了，但是本质的原因却是因为效率低下导致苹果不再具有之前的超强创新力。”

员工们都在努力工作，企业管理者也在没日没夜地加班，可是公司的效益却迟迟提不上去，甚至还会出现效益负增长，这就是“穷忙型”公司的突出特点。可以说，公司要想摆脱“穷忙”的标签，就应该像蒂姆·库克说的那样去做，努力提升公司效率，让公司的生产技术、发展理念、战略思维都获得根本性改变，在公司创新力不断增强的过程中摘掉“穷忙”这一标签。

（2）工作环境的好坏决定员工的工作积极性，而员工的工作积极性决定公司发展效率。

玫琳凯化妆品公司创始人玫琳凯·艾施曾经说过：“公司必须为员工提供良好的工作环境，那些看上去让人很不舒服的办公室，会让员工产生懈怠情绪，导致员工的工作效率偏低，同时使得公司的经营活力受到明显的影响。”

良好的工作环境带来高效率，这已经是一个被大家都认可的事实。但是，一些公司在经营的过程中却不注重为员工提供一个良好的工作环境，总是觉得员工们适应了工作环境就可以高效地去工作。很明显，这些公司的老板都犯了一个很严重的错误：提供良好工作环境的花费和公司效率受损比起来差距是非常大的。比如说，一个100人的公司，因为公司的工作环境差，每个员工因为效率受影响而每天少创造10元的利润，一天就是1000元，一个月就是30000元，一年就是365000元！更为重要的是，公司生产工作效率受影响的时候，公司的创新力也受到了不小的影响，真可谓是得不偿失！

（3）集中大部分精力去解决重要的问题，不要总把时间和精力浪费在次要问题上。

三星集团创始人李秉哲曾经说过：“工作的时候不要想到什么就去做什么，而是应该先给自己的工作排定优先次序，一定要把精力集中在重要问题上，少让精力浪费在次要问题上，这样就能够让我们的工作更有效率，也更容易取得成就。”

一定要把精力集中在重要问题上，对于任何一个公司来说这都是非常重要的一个工作理念。因为，把精力集中在重要问题上，能够让大家把工作做好做透，也有利于工作效率的提升——只要能集中精力尽快地处理好重要问题，那么就能够为尽快完成整个工作项目奠定坚实的基础，使得工作项目的完成时间更短，工作效率更高，公司创新力更强。因此，对于那些效率低、创新力弱的公司而言，最应该做的事情就是让每一名员工在工作中都懂得将自己的主要精力集中在重要问题上，从而在让员工们变得高效和创新力强的同时，也让公司在这两个方面取得长足的进步。

(4) 向高效能人士学习，这是提升员工工作效率的最好方式之一。

被《时代周刊》评为“人类潜能的导师”的美国学界“思想巨匠”史蒂芬·柯维（Stephen R.Covey）在《高效能人士的七个习惯》一书中写道：“在今天，个人和组织的高效能已经不再是可以讨价还价的选项，它是进入游戏场的入场券。但要想在这个全新的世界上生存下来、繁荣旺盛、有所创新、业绩出色并进入领先梯队，我们必须基于效能、超越效能。而这新时代的要求和心声就是卓越……”

很多的公司员工一直戴着“低效能工作者”的帽子，在岗位上总是受上级批评，也得不到上级的赏识与器重，一个主要原因就是因为他们不懂得向比自己效能更高的人学习，很少与比自己更优秀的人进行沟通学习，结果导致自己的工作效率低下，还影响了公司的创新发展速度的提升。实际上，这类员工之所以不喜欢和比自己效能更高的人士接触，一方面可能是太自信所导致的，另一方面就是太过自卑且抱着一副破罐子破摔的心态。因此，对于这类公司员工来说，就应该展现出自己积极的一面，主动和比自己效能更高的人交流学习，让自己也迅速变得高效起来。

【智慧点评】

“网景灵魂”吉姆·克拉克曾经说过：“效率就是公司的发展动力，也是公司创新的必备因素，提升效率也是公司走出困境的最有效方式之一。”

在当前这个效率为先的竞争时代，公司必须把提升生产工作效率放在发展的第一要位，在公司生产工作效率不断提升的过程中，使得公司的经营理念、发展思路、生产技术、运营流程等各个方面都日臻完善，从而催生出强大的创新力。所以说，效率也是创新的基础因素之一。

10. 优秀的企业文化是创新的最大推动力

海尔集团总裁张瑞敏曾经说过："公司发展从根本上讲靠的是文化，公司最根本的竞争力是文化竞争力，公司的一切都是由文化这个核心派生出来的。"从 19 世纪工业革命以来，企业文化对于公司的作用力便受到企业家和学者们的关注，因为企业文化囊括了公司发展战略、公司标志、员工行为等影响公司发展的主要因素。而在当前这个全球经济一体化越来越深入的年代，企业文化已经成为影响公司成长的第一因素——公司资金的利用、公司生产技术的发展、公司产品的定位营销、公司服务的完善，全部都依托于公司深厚的文化底蕴。所以，在当前这个讲究创新制胜的市场时期，任何一家公司只有在企业文化创新发展上取得不小的进步，才会在激烈的市场竞争中迈出一大步。

日产汽车公司总裁卡洛斯·戈恩曾经说过："文化是一种长期的推动力，而产品是要满足当前的需要，如果你有很好的产品，而文化却不好的话，你就会垮掉，你只能取得短期的成功，但长期的发展却会遇到障碍，所以你要确保有很好的文化能够随时适应外界的变化，这是你长期的动力。"

先进的企业文化是公司最宝贵的资源，也是提升公司创新力的核心要素。因为，公司创新力提升的最高境界就是依托先进的企业文化——研发和品牌拓展归根结底都是人去做的，公司只有在发展的过程中逐渐形成自己所秉承的优秀企业文化，提出明确的经营理念、公司宗旨、目标价值以及适合市场竞争和企业特质的管理思想和管理体系，才能凝聚出强烈的竞争力，从而使得公司在发展的过程中拥有源源不断的创新力。

那么，对于企业管理者来说，在提炼公司企业文化的过程中应该怎么做呢？

（1）企业文化必须坚持“以人为本”，只有让员工们都紧密地凝聚在一起，才能够让公司的创新发展再上一层楼。

比尔·盖茨曾经说过：“我想我们的工作环境应该是一个像校园一般美好的环境，这仅仅是一个方面，我们应该多为员工们想想，看看他们真正需要从公司中得到什么。我们把员工分成不同的组，为每个人配置一切所需的东西和他们自己的办公室，帮助他们得到自己希望获得的东西，这可以让员工们集中精力工作，最大限度地发挥创造力。”

公司发展需要凝聚人心，公司创新力提升更需要凝聚人心——“以人为本”的企业文化能够最大限度地缓和员工和公司之间的矛盾，并且使得员工愿意为公司付出自己的一切，因为他们将公司视之为家。

（2）发挥企业文化的激励作用，能够让企业文化创新获得更大的推动力。

美国凡士通轮胎公司创始人哈维·凡士通曾经说过：“创新是企业在竞争中获得胜利的最好方式，企业文化也能够让员工们更有斗志，因为企业文化具有很强的激励作用。”

企业文化创新离不开员工们的踊跃参与，这就要求企业管理者在推动企业文化创新之时，要发挥企业文化的激励作用——只有让员工们积极地参与到企业文化创新中来，才能够将企业文化创新推到一个更高的层次。

在发挥企业文化的激励作用方面，德国巴斯夫公司可以说是做得非常不错的——德国巴斯夫公司为了鼓励员工参与到企业文化创新中来，主要采用了以下六种方法：

①深入确切地了解员工的兴趣。

②认真全面地分析员工的能力。

③快速及时地制定出工作规范。

④客观准确地评价员工的表现。

⑤系统完整地储存下相关数据。

⑥公平公正地选拔出优秀人才。

(3) 正确的价值观是公司创新力量的来源，因为它能够赋予公司独特的文化力量。

美国戴尔电脑公司创始人、董事会主席兼 CEO 迈克·戴尔曾经说过："当我们以史无前例的速度成长之时，如何还能维持挑战者的精神？到目前为止，我在管理层面上遭遇的最神秘层面，乃是文化。"

正确的价值观在公司中具有很大的导向作用、凝聚作用、动力作用、融合作用，能够让公司产生强大的文化力量，促进公司创新能力的提升。所以说，每一名希望自己公司拥有文化之"魂"且具有很强创新力的企业管理者，就应该为公司树立正确的价值观。

目前，很多的中小公司不注重企业文化建设，不注重让员工树立正确的价值观，结果导致员工和公司之间缺乏共同的文化价值理念，使得员工个人理念和公司的经营理念产生错位，最后让公司的创新发展受到严重影响。

【智慧点评】

很多的企业管理者都遭遇过这样的困境，员工的福利薪酬水平已经很高了，同时还为员工提供了更好的工作环境，但是，员工们在工作中还是不够积极振作，公司的跳槽率依旧不低，公司的创新能力也因此无法提升。这究竟是为什么呢？答案是：让企业文化多一点温暖的因素，向每一名员工传递出公司对于他们的关爱，就能够让他们感受到公司对于自己的认可与尊重，从而让他们明白自己在公司中的重要性，变得更加积极，为公司的创新发展拼尽全力。